优质苹果

生态栽培与有害生物防控

Youzhi Pingguo Shengtai Zaipei Yu Youhai Shengwu Fangkong

李晓龙 主编◎

中国林业出版社

·北 京·

本书编委会

主　编　李晓龙

副主编　贾永华　张国庆　王春良　窦云萍

编　委　李　国　夏道芳　李秋波　王海霞　岳海英　刘晓丽　李　锋
马　丁　孙芳娟

图书在版编目（CIP）数据

优质苹果生态栽培与有害生物防控 / 李晓龙主编. --
北京：中国林业出版社，2019.10

ISBN 978-7-5219-0286-0

Ⅰ. ①优…　Ⅱ. ①李…　Ⅲ. ①苹果-果树园艺　②苹果
-病虫害防治　Ⅳ. ①S661.1　②S436.611

中国版本图书馆CIP数据核字(2019)第213813号

封面上部图片为‘华硕’苹果，由中国农业科学院郑州果树研究所阎振立提供。
封面其余图片由本书主编提供。

出　版　中国林业出版社 (100009 北京市西城区德内大街刘海胡同7号)
http://lycb.forestry.gov.cn　　010-83143566

印　刷　固安县京平诚乾印刷有限公司

版　次　2019 年12月第1版

印　次　2019 年12月第1次印刷

开　本　880mm × 1230mm 1/32

印　张　6.5

字　数　190千字

定　价　49元

前言

果园生态系统是以果树为核心的生物与环境构成的统一整体，是人为生态与自然生态相互叠加的产物。良好的果园生态系统是生产优质果品的基础条件。果园生态系统由果树生态、土壤生态与病虫生态等组成。果园日常管理中的定植密度选择、主栽品种与授粉树配置、树形修剪、花果管理等技术措施实为果树生态的创建过程；而水肥供应、土壤培育等过程则为土壤生态的创建过程；病虫害防控中的生物、物理、化学技术即为病虫生态的创建过程。由此可知，果园生态的创建过程实为果树管理的过程，即果树的生态化管理。

果树病虫防控是果树管理重要的组成部分，良好的病虫害防控制度有利于优质苹果的生产。如何更好地对果树病虫害进行防控？这是每一位果树管理者都需考虑的问题，要回答此问题，需首先理顺果树栽培与病虫害发生的关系。有植保专家坦言，造成某些区域相关病虫害严重发生的根本原因，并不是病虫发生抗药性问题，也不是用药不科学问题，而是果树栽培制度不合理问题。例如，树体郁闭果园的病虫害往往会多于通风透光的果园，而不疏果、不套袋的果园，其虫果率也会明显高于定果园与套袋园。因此，对于需要具备一岗多能本领的果树管理者来说，从果树栽培角度去考虑果树病虫害问题尤为重要，也就是说，果树病虫防控技术的有效性，需要以果树的生态化栽培为基础，果园管理者应从全局角度考虑果树病虫害问题，该理念即为果树的全生态管控。本书的编写思路便由此产生，笔者并未单纯地就果树病虫害问题展开论述，而是结合本人工作实际与研究成果，首先对果树生态化栽培理念与技术、果树病虫害的生态化防控策略进行阐释，以此为基础，介绍了当前果树主要病虫害的发生规律与防控方法，最后，针对果园鸟雀以及非生物因素对果树造成的破坏问题，笔者也专门进行介绍并提供了解决方法。本书的编写理念可帮助读者更好地理解果树栽培与病虫害防控的关系，而书中的技术内容可帮助管理者掌握科学实用的果园有害生物防控方法，解决实际生产中的一系列问题。因笔者能力有限，不妥之处敬请读者指正。

李晓龙

2019 年 8 月

目录

‘华硕’苹果　阎振立提供

第一章

中国苹果产业发展概述

中国是世界上苹果种植面积最大、产量最高的国家。苹果是世界性果品，具有栽培面积广、贮藏时间长、商品价值高、消费人群普遍等特点，基于以上特点，苹果产业已是世界农业产业中一个重要的组成部分。在我国，共有20多个省（自治区、直辖市）生产苹果，主要栽培区域位于渤海湾与西北黄土高原两大产区。近年来，除霜冻、洪涝等突发气候灾害造成的苹果大面积减产外，我国苹果产业正呈现稳步发展态势，产地价格较高，果农效益较好。

一、我国苹果产业发展概述

联合国粮农组织（FAO）统计显示，截至2016年，我国苹果栽培面积已达238.4万 hm^2，占世界苹果栽培总面积的45.04%，苹果总产量达4444.86万t，占世界苹果总产量的49.76%。

当前，我国苹果产业正处于区域性调整、品种结构调整、栽培制度调整、一二三产业结构调整时期。区域性调整方面，由于西部地区有着得天独厚的自然资源支撑，苹果优质生产区域正由山东、山西、河北等传统苹果主产区向新疆、陕西、甘肃、宁夏等西部高海拔区域转移。品种结构方面，正由单一、高产品种（富士系）主打市场的现状转为选择不同成熟期、不同区域特色、不同色泽与口味的品种向多元、错位、优质化方向发展。栽培制度方面，针对传统栽培制度造成的中老龄果树郁闭问题已得到明显缓解，果品质量得到明显提升。针对不同经营主体的标准化、简易化的集约高效栽培技术模式正在主要适宜区快速应用，果园管理开始由短期见效型管理转为长期培育型管理。

二、当前我国苹果产业发生的问题

经济的发展与技术的更新一定程度上保证了我国苹果产业的持续健康发展。然而，在当前产业发展过程中，仍然存在一系列制约性因素，主要集中于以下几方面。

（一）苹果生产方式落后

我国苹果栽培面积大，但亩均产量不高，品质欠缺，有量无价。比如，我国苹果亩均产量1200kg，仅为发达国家的40%。我国苹果优果率为75%，而发达国家已达到90%以上。此外，劳务用工、氮磷肥利用率、农药利用率等方面均与发达国家存在明显差距。因此，转变生产方式，提高资源利用率与劳动生产率为当务之急。

（二）老龄果园更新缓慢，新型栽培制度果园创建尚未形成规模

老龄果园更新缓慢，导致费工费时，标准化生产无法实现。新型栽培制度创建缺乏特色、多元、优质化苗木品种支持，盲目地引进单一富士品种导致新型果园同质化严重，老问题未解决，新问题又产生。

（三）苹果采后商品化程度低

总体来讲，我国果树经营主体尚未从小规模、低标准、粗放型的农户型经营主体转变为多元化、高标准的新型经营主体。所生产的果品采后无中大企业支持，苹果采后商品化程度低，商品附加值低。

（四）果园生态环境管理未受重视，优质生态系统尚未建立

以果树为核心的优质果园生态系统是生产高品质果品的关键，然而，长期掠夺式的经营管理方式造成果园生态受到破坏，土壤营养透支严重，果园有机质含量不断减少，果园生态环境恶化趋势明显。

三、促进苹果产业发展的对策

现代苹果产业是利用现代化方法进行管理的产业，需达到生态优、省工力、高价值之目的。基于以上目的，需从以下方面找方法、寻路径。

（一）优化区域布局，调整品种结构

各地政府、相关企业、果树经营者需抓住我国果树产业正经历的新老交替、区域转移（西进北扩）这一契机，优化区域布局，调整品种结构，适度减少产量已占65%~70%的富士品种推广规模，各地因依据本地优势，将品种结构逐渐转换为富士品种为主、地方优势特色品种支撑、多个品种并存的良性竞争格局，提升苹果产业稳定性与可持续性。

（二）加快老果园更新换代，大力推广新型苹果栽培制度

各地需继续开展郁闭果园改造工程，进一步挖掘老果园生产潜力，维护老果园经营主体利益，做好中老龄果园产业兜底工作。近年来，各地已建立起各种符合不同经营主体管理的新型苹果栽培示范园，下一步因积极开展新型栽培制度的示范推广工作，重点开展集约栽培模式创建。

（三）品种繁育制度与苗木质量尚需加强

品种繁育是现代果业发展的核心与基础。我国苹果苗木繁育制度和苗木质量与发达国家差距很大，无法满足当前产业需求，无毒矮化自根大苗是世界苹果苗木发展的方向。建立新型苹果苗木繁育技术体系与监管制度势在必行。

（四）转变果园管理理念，重视果园生态建设

需彻底转变重短效、粗放式、无序化的短视型果园管理理念，重视长期型果园生态建设，从栽培制度与树体管理上提倡高光效、高产量、高品质；从土壤营养上提倡有机质的长期培养；从肥料供应上提倡不同生育期内大量元素的差异性配比与差异性投入；从病虫害防控上提

倡病虫害的生态化控制，重视果园生态建设。

（五）促进苹果产业规模化经营，加强品牌化建设

国家相关部委，地方政府需根据行业、本地实际，出台相关政策，招商引资，加快政策支撑与资本流入，苹果生产经营必须向有技术、有资金的大户或企业集中和过度。加快构建标准化的果品综合生产制度（IFP），逼促企业与果农转变经营方式，提升管理水平，细化、增加果品采后加工产品丰度，加强品牌培育。

（六）完善质量安全监督体系和突发性灾害应急响应与保险机制

根据苹果产业特点，细分、完善苹果产业质量安全监督体系，形成从苗木繁育、果树生产、采后贮运、加工销售为一体的全产业链质量安全监督与追溯系统。针对日益频繁的霜冻、冰雹等突发灾害问题，地方政府与行业主管、保险企业需尽快建立突发性灾害应急响应机制与保险业务，保障果树产业稳定，增加从业者信心。

注：本部分内容重点参考韩明玉教授发表的文章《当前我国苹果产业发展面临的重大问题和对策措施》。

第二章
优质苹果生态化管控技术理念

生态，是指生物的生存状态以及它们之间和它与环境之间环环相扣的关系。从自然生态来讲，好的自然生态系统有利于动植物资源的合理生长与进化；从社会生态来讲，好的社会生态有利于社会的稳定，有利于人与人的和谐相处；果园生态系统是人为生态与自然生态相互叠加的结果，其既是人类进行果树生产的人为产物，也是本地自然环境培育的自然产物。良好的果园生态系统便是人与自然和谐共处的典型代表。

建设良好果园生态系统是维护果树健康、促进标准化生产、提升果品品质的基础，是生产高品质果品与维护本地良好自然环境的必然需求。随着人类经济社会、科学技术的发展，果树从业者与科学研究人员逐渐开始关注良好果园生态系统与果树生产的关系，开始思考人为生态条件下人与自然和谐共处的深远意义。在此背景下，优质苹果生态化管控理念应用而生。为帮助读者理解该理念，笔者将从以下几点进行阐述。

一、优质苹果的定义

优质苹果是苹果生产的最终目标之一，优质的定义既包括外形、色泽、口感等感官指标的优质，也包括糖酸比、维生素含量、硬度等生理生化指标的优质，还应包括果实农药残留种类、含量等安全性指标的优质。基于以上定义，要想生产优质苹果，需从品种、栽培制度、水肥培育、病虫害防控等方面综合考量。

二、苹果的生态化管理

在以往的观念与表述中，生态化的概念经常或仅仅被用于果树的病虫害防控，简言之，一提到生态化，便只想到的是果树病虫害防控的生态化。例如，人们经常把果园行间生草称之为果树病虫害的生态防控技术之一，由此认为，果园行间生草是果树病虫害防控的一项生态化防控技术。但实际上，行间生草的最大益处是保持土壤墒情、提升果园有机质含量。因此，果园行间生草实为一种改善果园生态的重要技术，而并非仅仅被用于病虫害防控。

管理者应从更高、更广层面理解果树管理中的生态化概念。依此基础，笔者提出一种观点，果园的生态化不应仅仅局限于病虫害防控之目的，而因将生态化创建的概念与地位进一步放大与提升。笔者认为，果园生态是人为生态与自然生态高度融合之产物，果园的人为生态应包括果树生态、土壤生态与病虫生态。果园日常管理中的定植密度选择、品种选择、树形修剪、花果管理等技术措施实为果树生态的创建过程。而肥水供应、土壤培育等技术实为土壤生态的创建过程。病虫害防控中的生物技术（性信息素迷向、天敌培育与引进）、物理技术（杀虫灯、粘虫板）、化学技术等措施也为病虫生态的创建的过程。由此可知，果园生态创建实为果树管理的过程，即苹果的生态化管理，要想实现良好的果园生态，需根据本地或定植区域自然生态之特点，科学开展人为生态创建，力求使生产需求、人为生态、自然生态达到统一与协调，实现人与自然的和谐发展。

三、果树管理与病虫害发生的关系

苹果生态化管控即指生态化管理与病虫害防控。为更好解决果树病虫害问题，需理顺果树管理与病虫害防控的关系问题。有植保专家坦言，当前某些区域相关病虫害严重发生的根本原因或者主要原因是果树管理问题。当果树管理不科学、栽培制度不合理、修剪技术不恰当时，则会给病虫发生以可乘之机，造成相关病虫害的发生与蔓延。依此观点为基础，笔者认为，当前的果树病虫害防控的基本策略仅为治标，而非治本，如需治本，需抓住当前病虫害发生问题的根源，即果树管理问题。如果把果树管理比作一个国家，则病虫害防控则为该国家的安全部门，安全部门只负责保护守法者，惩治违法者，而不能决定违法者的多少。决定违法者多少的，实际为更高层次的国家决策层，只有当一个国家通过一系列改革与管理措施健全本国的政治、经济、社会生态时，才能保证违法者的减少，守法者的增加，才能更大程度维护好社会秩序，保证社会的稳定。同理，只有管理者通过一系列措施来优化果园生态后，才能保证果树的健康成长，才能促使病虫害减少，从而从源头解决某些栽培区域病虫害大发生问题，所以，管理者应站在更高位置看待果树病虫害问题，果树的生态化管控理念由此而生。

四、高品质苹果全生态管控的概念

基于以上分析，高品质苹果生态化管控的概念应为，以提高果实品质为目标，以开展良好生态化栽培制度及系列技术管理为前提，在明确本区域主要病虫害发生种类与规律的基础上，运用生物、物理、化学等综合防控与预测预报技术开展果树病虫害防控。最终实现以生态化管理为基础，综合防控为核心，化学防控为辅助的高品质苹果全生态管控技术模式。

第三章 苹果生态化栽培与管理

以生产高品质果品为目标，依据管理者（不同经营主体）资本投入水平、气候土壤条件、预期生产目标，科学选择栽培模式，采选本地优势特色品种，运用树形培育、花果管理、水肥一体化与机械化、土壤营养培育等技术措施，开展苹果生态化栽培与管理。本章节主要从果树生态培育、土壤生态培育角度来介绍苹果生态化栽培与管理。

一、果树生态培育

果树生态培育包括果树的定植、品种的选择、栽培模式的选择、树体修剪以及花果管理等措施，其中，栽培模式、树体修剪与花果管理是果树生态培育的主要内容。

（一）矮砧集约栽培

选育适合本地生态条件的苹果优良品种、矮化中间砧，采用高密、宽行、立架栽培模式，利用高纺锤形、主干圆柱形树形培育技术，以病虫害生物、物理综合防治为保证，配套水肥一体化及果园行间管理机械化，形成“矮砧、密植、宽行、集约、高效”的现代苹果集约高效栽培技术体系，实现果园管理标准化。其优势在于，①结果早，产量高，果实品质好。②树冠小，省工力，便于机械化作业和标准化生产，土地利用率高。

矮化砧木是指能控制接穗生长、使嫁接树树体小于乔化树体的一类砧木。依据矮化砧木所处部位的不同，可分为矮化自根砧和矮化中间砧。依据矮化程度又可分为半矮化、矮化和极矮化砧木。目前生产上主要推广的是 M26、M9 系中选育出代号 T337 的优系矮化砧以及 SH 系等。

株距可选 0.8~1.2m，行距可选 3.5~4.5m，每亩栽培 83~111 株。较密的株行距可提高果树产量，较大的行距便于通风透光，也适合机械化操作。建园时可选择 3 年生、带分枝的大苗建园，栽后第二年可有产量，第四年可达盛果期。

（二）乔化密植栽培

乔化密植是指在苹果基砧（八棱海棠等）直接嫁接果树品种，进

图 3-1　矮砧集约栽培（现代苹果产业技术体系银川苹果综合试验站）

图 3-2　矮砧集约栽培（陕西千阳县海升示范园）

图 3-3　黄土高原区集约栽培模式

行密植栽培的一种栽植方式，与矮化相比，其结果晚、早期产量低、更新周期长。但由于其投入相对较小、品种抗寒性好，目前也为一种可靠的栽培模式。

（三）树形培育

果树的树形培育是果树管理中的重要一环，树形培育方式的选择要根据自身需求、砧穗性质、定植密度而定，良好的树形培育可促进叶片光合作用、调整生长与结果、调节枝组比例、恶化病虫生存条件等作用。

图 3–4　乔化密植栽培

图 3–5　乔化密植栽培

1. 高纺锤形树体修剪

基本原则：树高 3.0~3.5m，冠幅 0.8~1.2m，中心干强健，在中干直接着生 26 个左右角度下垂的结果枝，以疏除、长放两种手法为主。

栽植一年生幼树时，可根据第一年去侧养干，第二年拉枝开角，第三年刻芽促短，第四年有经济产量、树体基本成形，第五年丰产的管理原则进行高纺锤形树体结构的培养。

高纺锤形整体树形呈高细纺锤形状或者圆柱状，树冠冠幅小而细高，平均冠幅 1~1.5m，树高 3.5~4.0m，主干高 0.8~0.9m；中央领导干上着生 30~50 个螺旋排列小临时性主枝，结果枝直接着生在小主枝上，小主枝平均长度为 0.5~0.8m，与中央干的平均夹角约为 110°，同侧小主枝上下间距约为 20cm。中央领导干与同部位的主枝基部粗度之比 5~7 ∶ 1，成形后高纺锤形的苹果树在秋季的亩留枝量 8 万 ~12 万条，长、中、短枝比例 1 ∶ 1 ∶ 8。

图 3-6 高纺锤形树形培育

2. 主干圆柱形树体修剪

该修剪技术主要用于幼龄乔化密植果树修剪，其修剪原则为，树高 2.5~3m，干高 80~100cm，强健、直立的中央领导干上，均匀、错落着生 12~15 个生长中庸，粗细、长短相近，呈螺旋上升的单轴状主枝，与主干径比为≤ 1 ∶ 3，呈 90° ~110° 斜下生长，其上直接均匀着生结果枝组，每个主枝上留果 20~30 个。

图 3-7 主干圆柱形树形培育

图 3-8 主干圆柱形整形修剪

（1）幼龄期修剪与管理（2~3 年生）

第 2 年除主干延长枝外疏除全部 1 年生枝，以培养主干为主；主干延长枝在饱满芽处短截。第 3 年当主干在 1.2m 处粗度达到 2cm 时，保留主干上低于主干 1/3 粗度的枝条，疏除其余粗壮枝；主干粗度低于 2cm 时，仍按 2 年生树修剪，保持 7~10 个主枝。

3 月上旬至树体发芽前，对需要发枝的部位，从饱满芽的上方刻伤，深达木质部。刻时要注意背上芽芽后刻，背下芽、侧芽芽前刻。

5~6 月对 2 年生枝条拉枝，角度 > 90° ；8 月底至 10 月初对 1 年生枝条进行拉枝，实行拉枝全年化。当年生枝采用拿枝、扭梢、使用 E 型器，多年生枝可采用绳拉和吊枝。

6 月上旬根据树体的长势情况选择环割，重点在结果枝组进行，不宜在主干进行。基部保留两个芽环割或转枝促发，一般情况下，粗度 1cm 的枝条割一刀，超过 1cm 的枝条间隔 0.5cm 再割一刀。

8 月底对所有当年生枝条拉枝，角度 > 90° 。8 月中旬至 9 月下旬进行 2~3 次摘心。

图 3-9 开角器开张主枝角度图

图 3-10 开角器开张侧枝角度

（2）结果期修剪

第 4 年疏除所有大于主干 1/3 粗度的侧枝，疏除过密枝条、竞争枝，全树主枝数控制在 12~15 个，主枝上不留侧枝；其余枝条均作为临时性辅养枝处理，主干延长枝达到 2.5m 时缓放不剪，结果枝组单轴延伸呈圆筒状。

调整树势，清理冠内无效枝，主干延长枝每年缓放不剪结果下垂后在其后方选 1 个新的分枝带头。合理调整结果枝与营养枝比例，看花修剪，保证枝组健壮，均衡结果。花芽不足时，见花芽就留，尽量保留果枝；花芽充足时，疏除弱枝花芽，选留壮果枝结果；花芽量过多时，疏剪中、长果枝顶花芽，仅留短果枝结果。

主干圆柱形结果枝组经过 5~6 年连续结果枝组衰弱后或枝干比超过 1/3 时进行更新，具体方法为：将需要更新的结果枝组从基部留短桩直接疏除，对新发出的 1 年生枝条，长到一定程度，通过转枝、刻芽、拉枝、去幼叶、摘心等措施促使成花，形成单轴延伸结果枝组。

图 3-11 主干延长头及主枝延长头去幼叶促进成花

图 3-12 主干延长头及主枝延长头摘心促进成花

3. 成龄郁闭园改造

由于乔化果树成枝量大，树体高，树冠面积大，容易造成树体郁闭，影响叶部光合作用与果实品质，故需要对树体进行郁闭园改造，应按照改形总体原则和目标，确定一个基本树形、合适的角度、合理的枝干比、以轻为主的四个树体结构优化原则，以群体、个体树体结构优化参数为参照进行逐步改造。

（1）合理间伐

依据栽植密度、树龄、树冠大小等因素，乔化密植园可以采取“一次性间伐”和“计划间伐”两种模式。多数成龄密植果园提倡采用“一次性间伐”模式。

一次性间伐：对行间交接的果园通过隔行或隔株挖除等间伐方式进行，乔化园可以将密度调节到 22~33 株 / 亩。

图 3–13　果园群体郁闭

计划间伐：对 10 年生以上树间伐前要先确定临时株与永久株。对临时株第 1、2 年先去除伸向行间的大枝，保留伸向行内的大枝，落头后 2~3 年后彻底去除；永久株主枝头不短截不回缩，保持单轴延伸。或者临时树先去除下部 3~5 个大枝，然后刻芽出枝，对上部枝拉大到 130°（连 3 锯），结果 2~3 年后再去除。

不规则间伐：对腐烂病严重的果园不按正规株行距间伐，先伐低产劣质株（病毒）、腐烂病株。间伐后保留的树 1~3 年内不改形，等产量恢复和出现光照不良时再逐步落头提干开心。

（2）树体改造

中干小冠开心形：干高 0.8~1.2m，树高 3.5~4m，冠幅 4.5~5.0m，主干上像纺锤形一样转圈插空间着生 4~7 个主枝，主枝基角 70°~80°；主枝上不留侧枝，主枝上的侧枝通过去侧打叉变成纺锤形主枝上大的单轴延伸枝组。主枝上的其他结果枝组单轴延伸，下垂结果。主干上主枝基部粗度应是其着生处主干粗度的 1/5~1/3，主枝上枝组基部粗度应是其着生处主枝粗度的 1/7~1/3，大者坚决疏除。梢角要抬头 60°~70°，两侧枝斜生下垂。

改形过程中，难免要去大枝，这时要尽量多保留小枝，即使有些密，从平衡树势的角度来考虑，也要暂时留下，以后再逐步清理，就是结果枝组一般不动，以后清理，不弱不回（基本不回）。

（3）提干

第 1 年先去除大的辅养枝，除去距地面较近的主枝或朝北方向的基部主枝，以后分年逐步去除对生枝；3 主枝轮生的，先疏影响最大的 1 个主枝，第 2 主枝留桩 30cm 回缩，第 3 主枝缓放，同时疏除其上的强旺分枝，不要形成对口伤和邻接伤，将主干提到 0.8~1.2m。对下部枝多、粗且结果部位主要在下层也可以不提干，但要开心改善下部光照条件，并要去除贴近地面的背下枝。

（4）落头

当树高超过行距后就要进行落头，要使树高≤行距的 0.75 倍，落头时最上 1 个主枝（尽可能朝北）对面要留 1 个小的跟枝。弱枝可一次性落头，可以在水平或斜生枝上部去头；强头先削弱（疏、伤、变向与多留花果）1~2 年势力变弱后在有跟枝处去除，采用强头换弱头的办法比较好。落头后对新头的控制要缩小新头体积，疏缩大分枝，新头变为大枝组。落头不要一次到位，要分 3~5 年完成，第 4、第 5 年当中央领导干延长头已衰弱时进行落头。

图 3–14　提干

（5）清理主枝

分 2~3 年去除基部 3 大主枝和主干上的并生、轮生或重叠性主枝。轮生主枝逐年去除，并生、重叠主枝去一留一。

（6）清膛

去除中心干上过强、过密的直立大主枝或辅养枝，打开层间，全树保留 4~7 个主枝，大枝间距 40~50cm。

图 3–15　改型后效果

（四）花果管理

以控制产量、提高品质、增加效益为目标，积极开展果树花果管理工作，合理疏花，定距留果，疏除簇生果、并联果，不给害虫可乘之机，不留药物防控死角、盲区。

1. 花期授粉

苹果花期应采用壁蜂授粉。与自然授粉相比，壁蜂授粉可提高坐果率，授粉效果较好，可促进果实品质的提升。当昆虫授粉受天气条件影响很大，花期遇到不良天气还需进行人工辅助授粉。

2. 疏花疏果

需根据本年度花量科学疏花，如本地霜冻天气频繁，可不疏花或少疏花。疏果时，富士等大果型品种每 20cm 留果，嘎拉等中型果每 15cm 留果。叶果比疏果原则为，富士等大果型品种每 40~50 片叶留 1 个果，中果型品种每 20~40 片叶留 1 个果。疏果时首先去掉小果、病虫果和畸形果，留大果、中果和果形端正的果。疏果不应一次完成，需结合实际情况多遍疏除，边长边疏，最后定果。

3. 果实套袋

各地需根据本地气候状况合理选择套袋时间，北方地区一般为在 5 月下旬至 6 月上旬。一般来讲，红色品种落花后 35~40 天开始套袋。

图 3–16 壁蜂授粉

图 3–17 疏果

黄、绿色品种落花后10~15天套袋为宜，套袋时间避开高温天气，否则幼果易发生日灼。

（五）幼龄果树越冬

在北方地区，尤其是冬季寒冷区域，保证果树顺利越冬的技术措施是关系到来年果树正常生长的重要环节。目前主要采用秋季控水、人工落叶、主干套袋或涂白、涂抹动物油等方法来保证幼树顺利越冬。具体措施有：

1. 新梢摘心

7月中旬至8月中旬对新梢进行2~3次摘心，防止新梢旺长，造成冬春季抽干。

2. 防治大青叶蝉

大青叶蝉产卵时可对树体造成伤口，大量发生时会造成树体受损严重，从而影响果树越冬。

9月下旬至10月初早霜来临以前，防治大青叶蝉1~2次，可选用4.5%高效氯氰菊酯乳油2000倍液或20%吡虫啉乳油1500倍液，全园喷布树体和杂草。

3. 落叶

10月中下旬后需进行人工落叶，只落掉1年生长枝上的叶片。亦或可喷施氮素化学落叶，具体施用方法为：第一次在10月中下旬进行，选用0.5%尿素以及硼锌；第二次11月上旬进行，选用2%尿素喷施；第三次11月中下旬进行，选用5%尿素喷施。

4. 树干涂白

将生石灰、食盐等混合后，对主干进行涂刷。涂白剂的配方是：生石灰5kg、硫黄粉0.25kg、食盐0.1kg、动物油0.1kg、水20kg。先把硫黄粉与生石灰一同放入桶内，加水化开，另将食盐用热水化开后倒入，再加入动物油和剩余的水，用木棒充分搅拌。

图 3-18 主干套袋

5. 1 年生主枝涂抹动物油

当幼树干粗达到 2.5cm 以上时，于 11 月上旬在树干涂白的基础上对主干上的 1 年生主枝涂抹动物油以防抽干。幼树干粗在 2.5cm 以下时，可在 11 月上旬剪除中干上的分枝，保留 1.5cm 短桩，保留 50~60cm 中干延长枝，选饱满芽处剪截，剪口留成平口，所有剪口用伤口保护剂涂抹。于 11 月下旬对主干套袋并绑缚越冬。

图 3-19 人工去除幼叶

图 3-20 主干涂白

二、土壤生态培育

健康的土壤，是生产高品质苹果的基础。培肥地力始终需要放在果业工作的首位，要千方百计增加有机质，增强优质果品生产的动力源泉。据研究，日本果园的有机质含量一般在 3%~4% 以上，最高达 10% 以上。我国多数果园有机质含量不足 0.3%，山地果园则不到 0.1%。

（一）果树肥水投入

1. 肥料投入

施肥需重视施用有机肥，杜绝化肥施用。可用于果树的有机肥料包括饼肥、厩肥、有机秸秆、沤肥、工厂有机肥。农家肥只能在腐熟后施用于果园，未经腐熟的粪便不能直接施用于果园。

有机肥施肥时间：9 月下旬施用 3~5t/ 亩施农家肥；5 月下旬将施用 250kg/ 亩的酶基生物有机肥，以增加树木的养分积累，并可在 7 月份补充一次工厂有机肥。施肥方法主要基于沟渠应用，施肥时，在树冠外挖一个深度为 25~40cm，宽度为 20~30cm 的施肥沟。施用有机肥后，应将肥料和土壤充分混合，并用沼液和适量的水稀释，喷洒追肥补充营养，促进生长。

采用滴灌施肥时，需根据树体不同生育期需求施入不同元素配比肥料，例如，在果树萌芽期，可施入高氮比例的大量元素水溶肥促进树体生长，而幼果期到果实膨大期则可施入高磷比例的水溶肥，高钾比例的水溶肥则可在秋季施入。一般来讲，5~7 月份是果树生长旺盛期，枝叶生长、花芽分化、开花结果、根系生长需消耗大量的营养物质，此时需要注意增施肥料。同时还需注意，土壤 pH 对树体根系吸收养分能力会产生直接影响，土壤 pH 为 5.5~6.5 时，果树根系养分吸收能力最强，故在进行施肥时，需注意果园土壤状况，改良土壤是果树管理中的一项重要且长期的基础性工作。

2. 水分保持

目前所提倡的水分保持方法主要为覆盖保墒，主要采用沙、秸秆、杂草、黑膜覆盖措施，促进保水保墒，有效克服干旱，促进果树健康成长。

覆沙栽培：覆沙具有升温、保湿、减少水分蒸发的功能，果园覆沙后，可有效减少土壤水分蒸发，提高降水利用率，保证树木健壮生长。同时由于覆沙后，有效提高了昼夜温差，非常有利于糖的积累，覆沙栽培的苹果品质非常优良。

覆盖草：果园行内覆草，可有效控制土壤水分蒸发，最大限度提高降水利用率。草腐烂后，还可提高土壤有机质含量，增强土壤水分保持力。一般果园都采用玉米秸秆或小麦秸秆用于行内覆盖，覆盖厚度为 10cm 左右。

地膜、地布覆盖栽培：地膜、地布栽培具有投资少，成本低，保水效果好等特点。春季施肥后，可实行行内覆盖，可缓解水分蒸发，

图 3-21　行内覆草

抑制杂草生长。需要强调的是，当果园土壤盐碱重、黏度大时，不宜使用地膜或地布覆盖。

图 3–22　行内铺设地布

图 3–23　行内覆膜—双层膜：内层黑色用于防草，外层白色用于反光

（二）果树土壤营养培育

良好的果园生草制度具有增加土壤有机质含量、保持土壤墒情、改善果园小气候等作用，可通过果园行内覆盖、行间自然生草、人工种草、增施有机肥等方式培肥地力，培育良好微生态系统。

目前在我国普遍推广应用的果树间作物有，成龄果园：豆科（三叶草、毛叶苕子、长毛豌豆等）；禾本科（黑麦草和鼠茅草等）。幼龄果园：经济作物（西瓜、马铃薯、小麦、菇类等）。合理的果园生草制度可减少果树病害的发生，还可扩增害虫天敌数量，达到培育天敌的目的，研究表明，结合果园生草制度，刻意保留荠菜、油菜、夏至草等易滋生蚜虫的植物种类，利用早春返青早的特点，可在其上及早繁殖一批蚜虫天敌瓢虫、食蚜蝇等，解决苹果黄蚜天敌的跟随滞后问题，达到及时控制苹果黄蚜的目的。

值得注意的是，在北方干旱少雨地区，果树间作物的选择需要慎重，主要原因有两点。

其一，目前所推广的豆科与禾本科间作植物对水分要求较高，在与本地草种竞争中处于劣势地位，播种后常出现出苗迟缓、参差不齐等状况，无法发挥草种优势，而人为干涉（清理杂草、水分供应）又会徒增果园管理成本，这对本无经济收入的幼龄果园管理者来说，必无种植意愿。

其二，选择经济作物间作时，为了实现间作物经济价值而实施的与果树栽培不相符的水肥供应措施又会严重影响土壤营养状况，从而间接影响果树生育进程，造成果树徒长、抗寒性变差、成花力弱、果实品质欠佳等一系列问题。

笔者认为，北方干旱地区（降水量200mm左右）的理想果园间作物必须具备以下条件。

第一，须具有本地生态适宜性，可达到“种植后不管”。

需选择具有耐盐碱、耐干旱的本地植物作为果园间作物，将其作为间作物与果树种植时，可使其“种植后不管”，避免了果树与其他间作物的种间水肥需求冲突问题。

第二，必须具有土壤改良特性。

因选择本地特有的防沙、治沙与护沙植物，其本身应具有良好的土壤改良特性。

第三，须具有潜在的经济价值。当前所推广的宽行密植栽培模式为果树行内经济提供了空间，在不影响果树营养需求和机械化作业的前提下，理想的果园间作栽培模式可进一步增加管理者收入。

（三）果园清洁

果树休眠后或春季修剪时，及时将果园内弃枝、枯枝、落叶、僵果、落果、杂草等废弃物移出果园，可大大减少褐斑病、轮纹病、白粉病、叶螨、刺蛾、金纹细蛾等病虫害的越冬基数。有条件的果园可将弃用枝条粉碎还田。

刮除果树老皮、粗皮、翘皮、病斑，剪除病枝、虫枝、虫果以及尚未脱落的僵果，并将清理下的树皮、树枝集中清理出园。

图 3-24　果园行间生草：黑麦草

图 3-25　果园行间生草：苏丹草

图 3-26　果园行间生草：三叶草

图 3-27　苹果林下思壮赤菇种植模式

图 3-28　果树行间间作野豌豆

图 3-29　果树行间间作甘草

第四章

苹果病虫害生态防控策略

一、我国苹果病虫害防控的问题及产生的原因

苹果产业是我国苹果主产区的重要支柱产业，对我国农业产业结构调整和农民增收起到了巨大的推动作用。然而，受树种自身生长发育特点所限，果树品种、栽培制度、配套技术更新较慢，加之资本投入不足，企业带动效应贫弱等外因影响，导致我国苹果产业尚未摆脱小农小户、合作社发展模式，企业化运作尚需时日。由此带来诸多问题，果树病虫害防控技术落后，便是其中之一，当前苹果病虫害防控主要依赖化学农药，由于管理者实际生产中只注重病虫防控的简易化与速效化，且缺乏农药安全使用知识，导致当前果树病虫害防控存在以下问题。

（一）化学农药使用盲目

由于管理者缺乏对病虫发生规律、农药使用知识的了解，仅凭商家推荐选择用药品种，单靠往年经验选择用药时机，促使化学农药使用频次徒增、使用浓度徒高等问题的发生，导致果实农残增加，害虫抗药性也随之增强，病虫防控难度加大，进入恶性循环。

（二）农药市场混乱

目前农药市场上，农药经销体系中农资个体经营户占大多数，为农药经营的主力军。经营者大多都没有经过培训，自身农药管理素质低，难以对农民进行正确的技术指导，农民普遍反映农药市场品种多而杂，

农药使用说明及成分标识模糊，用量及用法识别不清，也有的农民图便宜不到正规的农资部门购买，不索要发票，极易购到假冒伪劣产品而无法维权。

（三）新技术成本高，推广效果不佳

由于果实商品价值低，而病虫防控的新技术往往成本较高，管理者虽有兴趣了解，但使用意向不强，导致新技术推广效果不佳，各项技术无法形成合力。

综合以上问题，考虑目前产业发展水平，结合当前研究成果，笔者认为，化学农药防控在很长一段时间内，将会是苹果病虫害防控的主要技术手段，即使采用综合（生物、物理、农业）防控技术手段时，化学农药仍然需要作为补偿性技术手段而长期存在，与其空谈有机，不如认真研究如何更科学、更高效地使用化学农药，随着技术的进步，笔者认为，今后苹果病虫害最理想的防控方式为综合防控为主，化学防控为辅。

二、苹果病虫害生态防控的基本理念

以往，果园生态防控的概念比较狭隘，只作为一种技术手段与生物、物理、农业、化学防控并列进行阐述，此种理念显然仅仅是建立在以消灭病虫为目的的基础之上，由此造成了新技术、新成果的碎片化问题，也是管理者漠视新技术的原因之一。

只有把病虫害防控建立在良好果园生态系统创建的基础上，站在良好生态系统整体创建的位置之上，以营造良好生态系统为理念，以生产优质果品为目的（而非消灭病虫为目的），去考虑与开展果园病虫害防控，才能避免化学农药使用不规范，优新技术使用碎片化问题，才能理顺病虫害防控与果品生产的关系，打破诸多问题的制约，实现果园的健康发展。

因此，苹果病虫害生态防控理念是以提高果实品质为目标，以建立良好生态化栽培管理制度及系列技术为前提，在明确本区域主要病虫害发生种类与规律的基础上，运用生物、物理、物联网等综合防控与预测预报技术开展果树病虫害防控。同时，需将化学农药当作一种补偿措施进行使用，把化学防治的负面影响减少到最低程度，最终实现以生态建园为基础，综合防控为核心，化学防控为辅助的苹果病虫害生态防控技术模式。

三、苹果主要病虫害生态防控技术

（一）生物防控

1. 昆虫性信息素防控技术

昆虫性信息素又称性外激素，是由雌性昆虫合成并释放出来（少数昆虫种类由雄虫合成与释放），期望引起同种异性觉察，以达到交尾目的的微量化学物质。经人工提取、合成后的昆虫性信息素或类似物称为性诱剂。利用性诱剂，可监测害虫发生动态、诱杀昆虫群体（大量诱捕法）、干扰昆虫交尾（迷向法）等。性诱剂既敏感又专一，作用距离远，诱惑力强。该技术诱杀害虫不接触植物和农产品，没有农药残留之忧，是果园生态防治害虫的首选方法之一。当前利用该技术进行目标害虫防控的主要方式有：

一，利用性信息素监测诱捕器进行预测预报。管理者可利用性诱剂监测诱捕器对目标果园鳞翅目害虫发生种类与消长规律进行监测，目的是发现目标害虫种类的同时掌握发生高峰期，因害虫发生高峰期即为害虫集中交尾期，随后便会产卵，此时开展化学防控效果最佳，故掌握准确的害虫发生种类与发生规律至关重要，其可帮助管理者选择正确的用药品种，还可为管理者开展化学防控提供准确的时空坐标。

二，利用高密度监测诱捕器开展害虫防控。当在果园中悬挂高密度（10个/亩~15个/亩）监测诱捕器时，可对单一或多种鳞翅目害虫进行防控。例如，郑州果树所张金勇研究员利用该技术研制出了一种害虫诱杀器，将该诱杀器涂抹诱杀剂后按照一定密度悬挂于果园，同时将多种鳞翅目害虫诱芯悬挂于诱杀器中，即可对目标害虫产生杀伤与迷向作用，利用该技术可使果园目标害虫成虫发生量降低90%，亦可使果实虫果率明显降低。笔者也开展了不同密度监测诱捕器对金纹细蛾的防控效果研究，结果发现，当按照15个/亩的悬挂密度悬挂金纹细蛾监测诱捕器时，对金纹细蛾产生了较好的全年控制效果，实现了金纹细蛾的监控一体化。

三，商品化的性信息素迷向剂已作为主体防控技术应用开来。目前，规模化经营的果园已开始利用性信息素迷向技术进行害虫（梨小食心虫、桃小食心虫、苹小卷叶蛾、苹果蠹蛾、金纹细蛾等）防控，效果显著。其迷向防控的作用原理是将人工合成的高浓度专一或复合型性信息素，以膏剂、丝条、项圈等形式，按照一定密度投放于果园，其持久散发出的气味可掩盖雌性成虫的位置，误导雄性成虫难以找到雌性成虫，使其交配推迟或不能交配，从而使有效虫卵大幅度减少，导致虫口密度下降，以此达到防治的目的。

笔者从2012年开始，利用性诱剂技术在宁夏果园持续开展了梨小食心虫、桃小食心虫、金纹细蛾、苹果蠹蛾、苹小卷叶蛾发生规律的调查工作，明确了目标害虫的周年发生规律，指导本地管理者科学用药。持续开展了性信息素迷向对梨小食心虫、桃小食心虫、金纹细蛾、苹果蠹蛾的防效研究，获得了重要的应用效果评价，主要研究成果有，进一步肯定了利用性信息素法作为主体技术进行苹果主要鳞翅目害虫全年防控的使用效果，最佳试验组桃小、梨小诱蛾量下降94.8%，蛀果率下降86.5%，苹果蠹蛾低密度地区防效达到100%，总结了不同害虫、不同迷向剂型最佳使用条件和方法。

事实证明，性信息素迷向技术对果园食心虫的发生具有明显防控作用，是替代化学农药的一项可靠技术，如能够进一步降低生产成本，则有望进行大规模运用，该技术的使用在产生重要的社会效益与经济效益的同时，更具有良好的生态意义。

图 4-1 专一或复合型昆虫性信息素迷向膏剂

图 4-2 专一或复合型性信息素迷向丝

图 4-3a 船型监测诱捕器

图 4-3b 新型昆虫诱捕器

图 4-4a　利用高密度监测诱捕器实现对金纹细蛾的监控一体化

图 4-4b　鳞翅目害虫诱杀器，具备诱杀与迷向功能

2. 自然天敌培育与引进

天敌对害虫种群数量起着十分重要的抑制作用，我国果树害虫天敌资源极为丰富，如草蛉、小花蝽、瓢虫是螨类、蚜虫及蚧类的天敌，赤眼蜂可控制苹果卷叶类害虫、梨小食心虫等，日光蜂则以苹果棉蚜为食。保护利用天敌就是要创造适宜天敌生存和繁衍的生态环境，增加自然界害虫天敌种群数量，提高天敌对害虫种群密度的制约力，达到以虫治虫的目的。

科学用药，采用天敌友好型农药进行害虫防控。必要时，可引进叶螨天敌产品捕食螨、塔六点蓟马等提高果园的益害比，使苹果害螨常年处于天敌的有效控制之下，可有效减少杀螨剂的喷洒次数和剂量。

3. 生物农药的使用

生物农药是指利用生物活体（真菌、细菌、昆虫病毒、转基因生物、天敌等）或其代谢产物（信息素、生长素、萘乙酸钠、2,4-D 等）针对农业有害生物进行杀灭或抑制的制剂。又称天然农药，系指非化学合成，来自天然的化学物质或生命体，而具有杀菌农药和杀虫农药的作用。

图 4–5a　草蛉幼虫捕食蚜虫

图 4–5b　草蛉卵（图中叶背着生的一簇类似带线气球状物质）

图 4–6　瓢虫成虫捕食蚜虫

图 4–7　瓢虫幼虫捕食蚜虫

图 4–8　寄生蜂控制宿主（树粉蝶幼虫）

图 4–9　利用人工饲养的捕食性天敌塔六点蓟马防控果树叶螨

图 4-10　将载有塔六点蓟马的花生枝叶插入果树叶片上，使天敌迁移至果树叶片

当前果树病虫害防控中研究与应用较多的主要为植物源、矿物源、微生物源农药，已开发出的产品有除虫菊素、烟碱、鱼藤酮、印楝素、矿物油，苏云金杆菌、白僵菌等。具有毒性低、选择性强、低残留、不易产生抗药性等作用。研究表明，防治枣、苹果等果树的食心虫，在桃小食心虫出土始盛期和盛期各施一次白僵菌，覆草区幼虫僵死率达 85.6%，虫果率仅有 0.4%~0.5%。

（二）物理防控

1. 杀虫灯诱杀

利用杀虫灯是根据昆虫具有趋光性的特点，利用昆虫敏感的特定光谱范围的诱虫光源，诱集昆虫并能有效杀灭昆虫，降低病虫指数，防治虫害和虫媒病害的专用装置。主要用于害虫的杀灭，减少杀虫剂的使用。

杀虫灯使用的注意事项：

（1）建议在使用时做好害虫种群数量监测，指导开灯时期在各代成虫盛发期前使用，有效控制害虫危害程度，同时减小对果区生物多样性和生态平衡的破坏。

（2）建议晚 7：00 开，12：00 关，既可以诱杀晚间活动高峰期的害虫主体，又缩短了对天敌的诱杀时间，减少能源消耗、延长杀虫灯的使用寿命。

（3）杀虫灯设置高度应根据果园内的害虫种类、天敌种类、果树的高度而定。一般杀虫灯的悬挂高度以位于果树高度的 2/3 处效果较好；鞘翅目害虫危害严重的果园，应适当降低杀虫灯的高度，以悬挂在 1.6~1.7m 为宜。

图 4–11　太阳能杀虫灯

2. 粘虫板

在有翅蚜迁飞期，利用蚜虫的趋黄性，在果园每隔 20m 左右挂一个黄色粘虫板，每亩悬挂 20 张左右，能够杀灭果树上的有翅蚜。

注意事项：黄板布设与否要根据园内天敌与害虫发生规律来决定，

黄板布设密度不宜过大，当有翅蚜虫较少时，也不宜布设粘虫板，过多或不合时宜的布设粘虫板会造成大量天敌（瓢虫、草蛉等）死亡，反而不利于园内生态系统的良性发展。黄板布设时间应为每年 8 月份之后。

图 4–12　黄色粘虫板

3. 糖醋液诱杀

糖醋液是监测和诱杀食心虫、金龟甲、吸果夜蛾等害虫的一种简易有效的方法。配制比例一般为糖：醋：水：酒 =3 ：4 ：2 ：1。在糖醋液中放烂果诱杀效果更好，与性诱剂相比，糖醋液诱杀法不仅可诱杀雄性成虫，还可诱杀雌性成虫。

4. 诱虫带

果树诱虫带可大量诱捕体形小、隐蔽在树干老翘皮及裂缝中越冬的、较难防治的多种害虫。对果树害虫如红蜘蛛、康氏粉蚧、苹小卷叶蛾、绵蚜、网蝽等多种害虫有良好的诱集效果，物理除虫效果明显，具有很强的实用性，而且经济无污染。

北方地区，在 8 月中下旬对树干绑缚诱虫带，使用时把诱虫带绕树干一周对接后用胶带或扎绳绑裹于树干第一枝干下 5~10cm 处，待翌年 2~3 月份后解除诱虫带，集中消灭带中越冬害虫，也可于寒冬时解开诱虫带使其暴露于园内，使带内害虫自然死亡或被鸟雀拣食。

图 4–13 主干涂刷树胶

（三）化学防控

化学防治法是应用化学农药防治病虫害的方法。主要优点是作用快、效果好、使用方便，能在短期内消灭或控制大量发生的病虫害，不受地区季节性限制，是当前农作物病虫害防治的重要手段，其他防治方法尚不能完全代替。化学农药有杀虫剂、杀菌剂、杀线虫剂等。杀虫剂根据其杀虫功能又可分为胃毒剂、触杀剂、内吸剂、熏蒸剂等。杀菌剂有保护剂、治疗剂等。使用农药的方法很多，有喷雾、喷粉、喷种、浸种、熏蒸、土壤处理等。

在人们生活水平日益提高的今天，更多的人在追求绿色食品、有机食品，对果蔬上的农药残留异常敏感，对各种关于农药的流言也是深信不疑，很多消费者认为，只要使用了化学农药，就会导致农残超标，就会影响身体健康。有些媒体只为抓住敏感话题，只为博得众人眼球，在不明事理、不进行详细调查了解的情况下，草率、夸大地做出一些化学农药影响健康的不实报道，更是严重误导了消费者，也严重损害了产业形象。

图 4-14 风送弥雾式施药机

实际上，对化学农药科学、合理的使用，不仅不会影响人体健康问题，反而会增加作物产量，为农作物生产保驾护航，化学农药是作物管理者的忠臣良将。据测算，农作物因病虫草害引起的损失最多可达 70%，通过正确使用农药可以挽回至少 40% 的损失。

笔者认为，与其“谈化色变”，不如正视当前化学农药使用中存在的问题，结合其他综合防控措施，实现化学农药使用减量、增效，规范化学农药使用标准，提高化学农药使用质量与效率，发挥化学农药所应有的积极作用。

（四）农药的科学使用

管理者在使用农药过程中应遵循经济、安全、有效原则，避免盲目施药，农药安全使用要掌握三条原则。

图 4-15a 悬挂式风送弥雾施药机

图 4-15b 牵引式风送弥雾施药机

图 4-15c 牵引式施药机

1. 对症用药

要据病虫害发生种类和数量决定防治与否，如需防治，应选择对症药剂。农药品种及稀释倍数选择中，应遵循能用单一药剂防控就不用复配药剂，能用低毒农药防控就避免使用高毒农药的原则。选择稀释倍数时，需依据原药浓度与使用说明严格稀释，切记为增加防效擅自降低稀释倍数。农药的长期超量使用会增加病虫抗药性，最终进入病虫加重、农残增加、果实受损的恶性循环。

2. 适时用药

应利用预测预报手段，根据目标病虫的消长规律选择用药时间，用药最佳时间应选择在病害爆发流行之前、害虫交尾产卵阶段与未大量取食或钻蛀为害前的低龄阶段、病虫对药物敏感阶段。

3. 科学施药

（1）科学稀释

在进行农药配置时，应遵从二次稀释原则，即农药经过两次稀释配制。该方法能使某些不易溶解的可湿性粉剂或用量很小的农药得到更充分溶解，分布得更均匀，既能提高用药效果，又能减轻药害的发生，还能减少接触原药中毒的危险。使用背负式喷雾器时，可在药桶内进行二次稀释。配置时，先加入少量的水，再加放适量的药液，充分摇匀，然后补足水混匀使用。机械喷施时，可用桶、缸等容器对母液进行一级稀释，稀释后将稀释液放在药箱内进行二级稀释。

（2）科学混配

农药混配不应超过三种，在共防相同目标时，因药力互助，配制原则上需按平分的相加作用规则，即二混时，各自保持原用药量的一半；三混照此类推。此外，农药混配应遵循微肥—可湿性粉剂—胶悬剂—水剂—乳油的顺序依次加入，需待一种药剂充分溶解后再加下一种药剂。

当目标农药规定不能与碱性农药混配时，则其他参加混配的农药若为碱性就不能配。同理，当目标农药规定不能与酸性农药混配时，则其他参加混配的农药若为酸性就不能配。此外，当使用微生物杀菌剂时，不能与化学农药混配。

（3）提高施药效率

结合果园栽培模式，选用弥散式施药器械。这类喷雾器效率高、损耗低、效果好。在施药时间上，需选择避免在晴热高温、大风和下雨天施药，但也有例外，如对某些病害防控时，越接近下雨天气施药，其防控效果越好。

四、苹果主要病虫害生态防控技术方案

表 1　苹果主要病虫害生态防控技术方案

月份	物候期	生态防控技术措施	预测预报	化学农药阈值启动标准与首选药剂
3月下旬3月下旬	萌芽期	1. 清园：清扫落叶，刮除树干翘皮（注意只刮干死的翘皮，不要刮伤树皮，刮除时树干周围铺设承接装置承接翘皮），解除主干诱虫带，观察带内昆虫种类，如有蜘蛛幼虫、瓢虫幼虫且数量较多时，可不除带。将以上病残体及诱虫带集中埋于土下 2. 腐烂病防控：改冬季修剪为春季修剪，对直径大于 2cm 伤口及时（24 小时内）涂抹伤口保护剂。修剪时可配备两套工具，当一套工具碰触病枝时，可选用另一套工具修剪其他树体，避免交叉感染，另或配备工具消毒液，及时对剪锯消毒。修剪时如遇枝干病发时，需及时进行刮治，将刮除的病斑组织及时移出园外，避免裸露于田间造成二次感染 3. 生物天敌防控：防控目标为山楂叶螨、全爪叶螨，投放捕食性螨类 4. 性信息素防控：防控目标为梨小食心虫，此时鳞翅目害虫主要以梨小食心虫为主，根据往年害虫发生情况，结合预测预报，于花前按照最佳布设密度投放梨小食心虫性信息素迷向剂，按照园区周边区域每树布设，内部区域隔树布设的方式进行投放	1. 悬挂梨小食心虫、金纹细蛾等监测诱捕器，每 7 天调查诱捕器内成虫数量	此时期杜绝使用化学农药

续表

月份	物候期	生态防控技术措施	预测预报	化学农药阈值启动标准与首选药剂
3月下旬	萌芽期	5. 监测诱捕器防控：防控目标为金纹细蛾，根据往年目标害虫发生情况，结合预测预报，按照15个/亩密度悬挂金纹细蛾监测诱捕器，达到监防一体化作用		
4月中下旬	落花后1周	1. 果园微生态创建；果园行间生草或自然生草，可选生草种类为苜蓿、三叶、马铃薯等，行内覆膜保墒 2. 物理防控：防控目标为鳞翅目害虫，鞘翅目害虫，半翅目害虫，安装振频式杀虫灯，安装密度为30亩/台 3. 性信息素防控：防控目标为苹果蠹蛾，此时鳞翅目害虫主要以苹果蠹蛾为主，根据往年目标害虫发生情况，结合预测预报，于花后按照最佳涂抹（布设）密度投放苹果蠹蛾性信息素迷向剂，按照园区周边区域每树布设，内部区域隔树布设的方式进行投放，注意不留死角、空白区域	1. 开始调查蚜虫、叶螨等，每周1次，分叶片、新梢调查 2. 悬挂苹果蠹蛾监测诱捕器，每7天调查诱捕器内成虫数量	1. 当调查的成螨数量达到1头/叶，启动化学农药防控，药剂可选5%噻螨酮EC1500倍 2. 蚜梢率30%，启动化学农药防控，10%吡虫啉WP3000倍液 3. 目标害虫监测诱捕器连续3天诱捕到成虫时，启动化学农药防控，可喷洒2.5%高效氯氟氰菊酯EC2500倍
5月上旬至6月中旬	麦收前后	1. 果园微生态创建：对果园生草区域刈割留茬，留茬高度5~10cm，注重保护天敌 2. 果园生态栽培技术创建：以生产高品质果品为目标，开展疏花、疏果、套袋、拉枝、开角等树体管理，结合合理的果园肥水供应，形成果园生态化栽培模式	1. 继续调查蚜虫、叶螨等，每周1次，分叶片、新梢调查 2. 悬挂桃小食心虫监测诱捕器，每7天调查诱捕器内成虫数量	1. 当桃小食心虫中心部位诱捕器连续3天诱捕到成虫时，启动化学农药防控 2. 叶螨达到平均2头/叶成螨，15%哒螨灵EC2500倍

续表

月份	物候期	生态防控技术措施	预测预报	化学农药阈值启动标准与首选药剂
5月上旬至6月中旬	麦收前后	3. 性信息素防控：防控目标为桃小食心虫、苹小卷叶蛾等，此时鳞翅目害虫主要以桃小食心虫、苹小卷叶蛾为主，根据往年目标害虫发生情况，结合预测预报，在此期按照最佳布设密度投放目标昆虫性信息素迷向剂，按照园区周边区域每树布设，内部区域隔树布设方式进行投放，注意不留死角、空白区域。如监测发现虫口密度不大，可降低涂抹密度 4. 农药减施增效技术：结合预测预报与化学农药阈值启动标准，当需要进行化学农药防控时，有条件的果园可购置风送式弥雾机进行化学农药喷施，该机械具有施药效率高、用药量少、化学污染轻等特点	3. 持续监测已悬挂诱捕器的各种害虫的诱集情况 4. 调查两病（斑点落叶病，苹果锈病）病叶率，关注天气变化	3. 蚜虫 40% 虫梢率喷洒 3% 啶虫脒 EC2500 倍 4. 叶部病害阈值启动标准：出现 5mm 以上降雨，叶片保持湿润 10 小时以上，往年同期目标病叶率达到 5%，喷洒 12.5% 腈菌唑 EC2500 倍
6月中下旬至8月上旬	膨果期	1. 果园微生态创建：对果园生草区域进行刈割留茬，留茬高度为 5~10cm，注重保护天敌 2. 叶部病害阈值启动：此时节多可形成高温高湿气候条件，为叶部病害高发时期，此期应密切注意天气变化，结合往年叶部病害发生情况，启动叶部病害阈值启动技术方案，化学农药使用时机应尽量接近雨水天气过程，可在降雨来临前喷施，也可在雨后立即喷施，越接近雨水天气过程，喷施效果越好。同时，药剂选择可结合叶面肥一同喷施	1. 调查两病（斑点落叶病、苹果锈病）病叶率，关注天气变化 2. 继续调查蚜虫、叶螨等，每周 1 次，分叶片、新梢调查	1. 出现 10mm 以上降雨，叶片保持湿润 10 小时以上，往年同期目标病叶率达到 5%，启动化学农药管控 2. 叶螨达到平均 5 头 / 叶成螨，5% 唑螨酯 EC2500 倍

续表

月份	物候期	生态防控技术措施	预测预报	化学农药阈值启动标准与首选药剂
6月中下旬至8月上旬	膨果期	3. 性信息素防控：防控目标为梨小食心虫、桃小食心虫、苹小卷叶蛾、苹果蠹蛾等，由于鳞翅目害虫危害时间宽度较大，重叠危害情况较多，此时期需重视前期投放迷向剂型的使用效率，结合预测预报，如监测诱捕器中诱捕的害虫明显多于前期量时，需考虑可能是前期投放的迷向丝失效所致，需补充投放新的迷向剂。同时，注意更换用来进行预测预报的监测诱捕器中的性诱剂，一般性诱剂的使用期限为2个月	3. 持续监测已悬挂诱捕器的各种害虫的诱集情况	3. 蚜虫40%虫梢率喷洒3%啶虫脒EC2500倍
8月中下旬至9月下旬	成熟前	1. 果园微生态创建：对果园生草区域进行刈割留茬，留茬高度为5~10cm，注重保护天敌 2. 鸟害防控：从8月中旬开始对果园鸟害进行防控，推荐使用有色防鸟网以及生物驱避剂进行防控。还可使用超声波驱鸟器、声光设备、防鸟刺等工具进行防控。企业化运作果园可考虑使用驱鸟飞行器进行大范围、高频率防控 3. 物理防控：防控目标为鳞翅目害虫、鞘翅目害虫、半翅目害虫，在8月下旬在果园悬挂黄板，此时期主要防控对象为蚜虫和叶蝉，密度以每板/每树布设。于同时期在距离主干下部20cm处绑缚诱虫带	1. 继续调查蚜虫、叶螨等，每周1次，分叶片、新梢调查 2. 持续监测已悬挂诱捕器的各害虫的诱集情况	此时期杜绝使用化学农药
10月至11月	采收后到休眠期	腐烂病防控：采收后，及时刮治腐烂病。根据树龄每亩施有机肥2~4方。在落叶50%时，树上树下均匀喷施3%尿素溶液+100倍黄腐酸钾。如果树缺乏微量元素，对叶面喷施微量元素，尤其是缺硼	重点监测果实采后病害，如苦痘病等	此时期杜绝使用化学农药

续表

<table>
<tr><th>月份</th><th>物候期</th><th>生态防控技术措施</th><th>预测预报</th><th>化学农药阈值启动标准与首选药剂</th></tr>
<tr><td></td><td>病虫害调查方法</td><td colspan="3">1. 诱捕器预测预报方法：根据调查区面积大小，于每个调查区核心区域均匀挂设相同高度的主要鳞翅目害虫监测诱捕器 3 个，每周调查一次诱捕到的成虫数量，记录数据，计算平均值待研。调查的鳞翅目害虫主要有：梨小食心虫、桃小食心虫、金纹细蛾、苹小卷叶蛾、苹果蠹蛾、李小食心虫。
2. 叶部病害及虫害调查：在每个调查区核心区域固定选择 5 棵树，于每棵果树上中下区域各选择主枝 1 个，在每个主枝上随机选择 100 个叶片，调查叶部病害种类及发生率，调查虫害发生种类及百叶虫数。
叶部病害发生率（%）=（相同病害叶片数 / 调查总叶片数）×100
叶部虫害发生率（%）=（相同害虫叶片发生数 / 调查总叶片数）×100
百叶虫数（头）= 每叶相同害虫数 ×100
3. 果实病害及虫害：固定选择 5 棵树，于每棵果树上中下区域各选择主枝 1 个，在每个主枝上随机选择 20 个果实，调查果实病虫害发生种类。
4. 枝干病害调查：重点调查果树腐烂病发生状况，示范区采取 5 点取样，每点选 5 棵树固定下来，于 4 月份调查主干或中心干发病情况，每月调查一次，调查总枝数，病主枝数，计算病枝率。发病率（%）= 发病枝干数 / 调查总枝干数 ×100</td></tr>
<tr><td>备用药剂</td><td></td><td colspan="2">1.8% 阿维菌素 EC4000 倍、1.9% 甲维盐 EC4000 倍、24% 螺螨酯 SC5000 倍、10% 浏阳霉素水剂 1500 倍、5% 虫螨腈 4000 倍、57% 炔螨特 EC1500 倍</td><td>二斑叶螨</td></tr>
<tr><td></td><td></td><td colspan="2">25% 灭幼脲 SC1500 倍、5% 杀铃脲 EC2000 倍、5% 除虫脲 SC400 倍、1.8% 阿维菌素 5000 倍</td><td>金纹细蛾</td></tr>
<tr><td></td><td></td><td colspan="2">20% 虫酰肼 SC1500 倍、5% 氟虫腈 2000 倍、5% 虱螨脲 SC1500 倍</td><td>苹小卷叶蛾</td></tr>
<tr><td></td><td></td><td colspan="2">缓释药带处理</td><td>苹果绵蚜</td></tr>
<tr><td></td><td></td><td colspan="2">25% 噻嗪酮 WP1000 倍（仅严重时喷药）</td><td>介壳虫</td></tr>
<tr><td></td><td></td><td colspan="2">常用农药剂型简称介绍：EC：乳油；DP：粉剂；GR：颗粒剂；WP：可湿性粉剂；SC：悬浮剂</td><td></td></tr>
</table>

第五章 主要病害的防控（生物因素）

一、腐烂病

（一）病害简介

苹果腐烂病，是苹果树重要病害。该病严重危害果树健康，造成树势衰弱、枝干枯死、死树，甚至毁园。华北、东北、西北地区发生普遍。苹果腐烂病菌是一种高等真菌性病害，病菌以菌丝、子座及孢子角在田间病株、病斑及病残体上越冬，属于苹果树上的习居菌。凡是能够导致树势变弱的因素都能诱发苹果腐烂病。

此病 1 年有两个扩展高峰期。即 3~4 月和 8~9 月，春季重于秋季。春季高峰主要发生在萌芽至开花阶段，该期内病斑扩展迅速，病组织软化，病斑典型，危害严重，病斑扩展量占全年的 70%~80%，新病斑出现数占全年新病斑总数的 60%~70%，是造成死枝，死树的重要危害时期。秋季高峰主要发生于果实膨大期及花芽分化期，病斑扩展量占全年的 10%~20%，新病斑出现数占全年新病斑总数的 20%~30%，但是病菌浸染落皮层的重要时期。

（二）发病特点与病害诊断

腐烂病主要危害主干、主枝，也可危害侧枝、辅养枝及小枝，严重时还可侵染果实。其主要症状为：受害部位皮层腐烂，腐烂皮层有酒糟味，后期病斑表面散生小黑点（病菌子座），潮湿条件下小黑点上可冒出黄色丝状物（孢子角）。

根据病斑发生特点分为溃疡型和枝枯型两种类型病斑。

1. 溃疡型

主要指皮层溃烂湿腐。多发生于主干、主枝等较粗大的枝干上，以枝、干分杈处及修剪伤口处发病较多，病部初期为红褐色，水渍状，稍隆起，病组织松软，用手指按下陷成坑，病皮层常流出酱油状液体，病皮易剥离，剥下的皮层多为丝状，并有浓烈酒糟味。发病后期，病皮失水干缩下陷，呈黑色。病斑周围产生愈合组织，病、健皮交界处出现裂纹，病皮上密生许多黑色小粒点，这是病菌的分生孢子器。降雨后，分生孢子器吸水，从孔口冒出橘黄色、卷曲状的分生孢子角。孢子角含分生孢子和胶质物，被水溶解后病孢子借风雨传播侵染。

2. 枝枯型

一般指枝条得病枯死而无湿腐症状。多发生在衰弱树和小枝条、果台、干桩等部位。病斑扩展迅速，形状不规则，不久即包围整个枝干，枝条逐渐枯死，后期病部也出现黑色小粒点。

图 5-1　腐烂病发病特征

苹果树腐烂病除危害枝干外，有时也侵染果实。果实上病斑暗红褐色，圆形或不规则形，有轮纹，边缘明显。病组织腐烂软化，略带酒糟味。病斑在扩展过程中，常在中部较快地形成黑色小粒点，即分生孢子器，散生或集生，有时略呈轮纹状排列。小粒点周围有时带有灰白色菌丝层。病果表皮易剥离。小粒点在潮湿条件下，也涌出卷须状橘黄色的孢子角。

（三）诱发因素

1. 栽培品种、树体管理因素

不同品种、砧穗组合在不同地域、不同栽培模式条件下会造成腐烂病发生程度的差异。树龄老化、树体郁闭、树势衰弱也可造成果园腐烂病的严重发生。

2. 伤口因素

冻伤、树体修剪、机械伤造成的伤口是腐烂病发生的主要诱因。研究表明，腐烂病发生的主要诱因是冻害及树体修剪，约 60% 的腐烂病发生于剪锯口，40% 的腐烂病因冻害造成。未及时进行伤口保护的新伤口最易发病。病菌可在冬季侵染，修剪工具是腐烂病跨树传播的主要载体，不同时期带菌修剪造成的腐烂病发生率，冬季修剪发生率最高。

3. 水肥因素

冬季树体含水量高，易发生冻害，加重腐烂病的发生。早春树体含水量低，抑制病斑扩展，可减轻腐烂病发生。研究表明，树体钾含量过低、氮钾比过高造成营养失衡是我国黄土高原区苹果树腐烂病发生与大流行的主要原因。

（四）防治技术

1. 修剪防病

（1）改冬季修剪为早春修剪，避开寒冬对修剪伤口造成的冻害。

（2）在阳光明媚的天气修剪，避开潮湿（雾、雪、雨）天气。

（3）剪锯一旦接触到病枝后，一定要喷修剪工具消毒液对工具进行表面消毒。或可准备两套修剪工具，当一套接触病枝后，用另一套来进行替换。

（4）对锯口要在修剪后 24 小时之内进行药剂保护，最好为随锯随涂。可涂甲硫萘乙酸或菌清等市售正规伤口保护剂。

2. 喷药防病

（1）苹果树发芽前（3 月份）和落叶后（11 月份）喷施铲除性药剂，药剂可选用 45% 代森胺水剂 300 倍液、30% 戊唑・多菌灵悬浮剂 400~600 倍、树安康等。

（2）生长季节针对其他病害进行喷药时，一定要兼顾到树干。

3. 病斑刮治

无论任何季节，只要见到病斑就要进行刮治，越早越好，重点注意春季高峰期的刮治。刮治时，用锋利的刮刀将病变皮层彻底刮掉，刮至木质部，且病斑边缘还要刮除 1cm 左右健康组织，确保彻底。将刮掉的病皮组织集中销毁，对病斑及时进行涂药，药剂需涂抹均匀，彻底，不留死角，对病斑边缘也需涂上。常用有效涂抹药剂有：2.12% 腐植酸铜水剂、843 康复剂、5% 菌毒清水剂、21% 过氧乙酸水剂 3~5 倍液、30% 戊唑・多菌灵悬浮剂 100~150 倍、菌清、甲硫・萘乙酸等。

图 5-2 腐烂病刮治

图 5-3 果树主干腐烂病刮治与桥接

4. 壮树防病

（1）合理施肥。提倡秋施肥，有机肥施入量要占全年的 60%，减少适用氮肥，增施钾肥，生物菌肥。

（2）合理负载。及时疏花疏果，控制结果量。

（3）对易发生冻害的地区，提倡冬季对树干及主枝向阳面涂白。

（4）对于幼龄园，冬春季注意嫁接口、剪口防寒工作，对嫁接口埋土防冻，对剪口涂抹伤口保护剂。

5. 主干桥接

对于主干发生的腐烂病，需在进行病斑刮治后及时桥接或脚接，促进树体养分供应。

6. 注重树体废弃物清理，避免二次侵染

结合春季修剪，及时将病枝、烂果、落叶、挂除的病皮组织等果园废弃物清理出园，集中销毁。有条件的果园可利用粉碎机将枝条粉碎还田。实际生产中，管理者为图省事，经常利用修剪下来的枝条作为支撑棍进行拉枝开角，殊不知，修剪下的很多枝条带有病菌，即便健康的枝条也会因剪口暴露而造成病菌侵染，管理者在利用这些枝条进行拉枝开角时，会给病菌传播创造有利条件。

图 5-4　错误的拉枝方法：利用锯除的发病枝干进行开角

注：以上防控建议来源于农业部苹果产业技术体系病虫害防控研究室，在此基础上进行了补充。

二、轮纹病

（一）病害简介

苹果轮纹病又称为疣皮病、褐腐病、粗皮病、果腐病等，是由贝氏葡萄座腔菌梨专化型引起苹果果实腐烂、枝干局部坏死的真菌病害。该病一旦感染，轻则侵害苹果果实、枝干，削弱树势，引起产量和果品品质降低，可导致减产甚至毁园。苹果轮纹病在全球苹果主要产区均有发生，我国早在20世纪20年代末在辽宁省发现，随着苹果种植的大面积推广，该病陆续成为全国各大苹果种植区普遍发生的病害之一，而且该病常与炭疽病、干腐病等混合发生，近年来，随着苹果种植面积的不断扩大，苹果轮纹病发病率呈上升趋势。

（二）发病特点与病害诊断

轮纹病由葡萄座腔菌侵染所致。病菌侵染枝干可形成轮纹病瘤、干腐病斑、马鞍状病斑和粗皮四种不同类型的症状，侵染果实主要形成轮纹烂果症状。

1. 轮纹病瘤

病菌侵染正常生长的苹果枝条，常以皮孔为中心，形成圆形或扁圆形，红褐色至深褐色的疣状突起，称为轮纹病瘤。

2. 干腐病斑

当枝条受干旱胁迫或衰弱时，病瘤内或皮孔内的病菌能在皮层内迅速生长扩展，杀死皮层组织，以病瘤或皮孔为中心，形成红褐色、表面湿润的圆形枯死斑。病斑扩展迅速，3~5天后病斑连接成片，形成大型、红褐色坏死病斑，病斑皮层坏死，称为“干腐病斑”。病斑环绕枝条后，枝干枯死，病菌趁机向上下扩展，最终使整个枝条干枯死亡，称“干腐病枝”。2~3周后，病斑上产生大量分生孢子器（小黑点），遇雨或高湿时溢出白色分生孢子。

3. 马鞍状病斑

当树体抗性恢复后，在皮层内扩展的病菌停止生长，最终以病瘤或皮孔为中心，形成直径不超过 2cm 的枯死斑。病斑形成初期，坏死皮层细胞常溢出红褐色汁液，病部“冒油”或“出水”。随枝条的生长发育，枯死斑边缘开裂，病斑凹陷，似马鞍状，称为“马鞍状病斑”。

4. 粗皮

大量轮纹病病瘤或马鞍状病斑聚生在一起，使枝干表皮显得十分粗糙，故称“粗皮病”。

图 5–5　轮纹病枝条发病特征

图 5–6　轮纹病树干发病特征

图 5–7　轮纹病发病特征

图 5–8 果实轮纹病发病特征

5. 轮纹烂果

果实发病初期，以皮孔为中心，形成黑色至褐色圆形斑点，边缘常有红褐色晕圈，病部稍深入果肉。随后病点向四周扩展，形成表面具有深浅相间的同心轮纹状腐烂病斑。病部果肉腐烂、水渍状、表皮不破裂，病斑很少失水凹陷。适宜条件下，病斑扩展迅速，5~6 天可导致整个果实腐烂，溢出褐色黏液，有酸臭气味。

病菌于春季开始活动，随风雨传播到枝条上。在果实生长初期，因为有各种保护机制，病菌无法侵染。在果实膨大期之后，病菌均能侵入，其中从 7 月中旬到 8 月上旬侵染最多。侵染枝条的病菌，一般从 5 月份开始从皮孔侵染，并逐步以皮孔为中心形成新病斑，翌年病斑继续扩大，形成病瘤，多个病瘤连成一片则表现为粗皮。在果园，树冠外围的果实及光照好的山坡地，发病早；树冠内膛果，光照不好的果园，果实发病相对较晚。气温高于 20℃，相对湿度高于 75% 或连续降雨，雨量达 10mm 以上时，有利于病菌繁殖和田间孢子大量散布及侵入，病害严重发生。山间窝风、空气湿度大、夜间易结露的果园，较坡地向阳、通风透光好的果园发病多；新建果园在病重老果园的下风向，离得越近，发病越多。果园管理差、树势衰弱、重黏壤土和红黏土、偏酸性土壤上的植株易发病，被害虫严重危害的枝干或果实发病重。

（三）诱发因素

1. 栽培品种、树体管理因素

富士易感轮纹病，受害相对严重；嘎拉等品种对轮纹病具有一定的抗性，轮纹病危害相对较轻。苹果砧木中，M26 对轮纹病菌敏感，以 M26 为中间砧的富士品种，轮纹病发病尤为严重。

果园树体郁闭、潮湿、果园杂乱、果实未套袋、树体伤口较多等树体管理因素也是该病发生的主要原因。

2. 环境因素

雨水和风媒是轮纹病传播的主要媒介，高温、高湿环境有利于病菌繁殖和萌发侵入，侵染机会增多，病害发生严重。

3. 水肥供应偏激，树体营养失衡

水肥供应不合理导致树体营养失衡，枝条紧密度不够，有利于病菌传播与侵染。

（四）防治技术

1. 科学管理

选择合理株行距，选择抗性品种，栽植时检查苗木侵染状况，发现侵染苗木立即移出园外，定植后定期检查主干，遇发病苗木后立即挖除。合理施肥，在花期前后喷施硼、钙等微量元素，增强果树对病害的抵抗能力。春季结合修剪，对伤口及时用药保护，同时避免树体造伤，拉枝、刻芽、扭梢造成的伤口也需及时用药保护。冬季对树体及时涂白，防止冻害。此外，套袋是预防轮纹病中后期浸染果实的最实用方法，此举可大量减少果实受害，也可明显降低用药次数。

当要建立采穗圃和育苗圃时，需远离老果园 3km 以上，建议在非

苹果产区培育苹果苗木。采穗圃和育苗圃内及周边 1km 不能栽植苹果、海棠、梨等蔷薇科植物，不能以杨树、柳树、槐树等树木作绿化树或防风林。及时销毁废弃的苗木、枝条、接穗及育苗用的杂物，保持采穗圃和育苗圃内及周边环境清洁。

2. 清理果园

结合春季修剪，及时将病枝、烂果、落叶、刮除的病皮组织等果园废弃物清理出园，集中销毁。苹果树修剪下来的枝条要及时销毁。不能及时销毁的废弃枝条搬离果园 1km 以外，或者用麦草、玉米秸秆、塑料膜等覆盖，防止枝条产孢并释放子囊孢子。

3. 喷药防病

（1）苹果树发芽前（3 月份）和落叶后（11 月份）喷施铲除性药剂，药剂可选用 30% 戊唑・多菌灵悬浮剂 400~600 倍液、60% 铜钙多菌灵可湿性粉剂 400~600 倍液、77% 硫酸铜钙可湿性粉剂 300~400 倍液（王江柱，2013）、树安康 200 倍液等。

（2）萌芽后用药：于谢花后立即用药，间隔 15 天再用一次药，发生严重的果园需连续喷施 5~8 次，若遇多雨要适当增加喷施次数，抓住雨前环节喷施预防性药剂，抓住雨后高温高湿环境立即用药，阻止病菌侵染。可选用的药剂有：80% 代森锰锌可湿性粉剂 500 倍液、43% 戊唑醇悬浮剂、40% 氟硅唑乳油等。

（3）果实染病后的急救措施：如发生果实染病情况，应及时使用内吸性杀菌剂，时间间隔为 7 天，直到采收。效果较好的药剂有 70% 甲基托布津可湿性粉剂或 500g/L 悬浮剂 600~800 倍液 +90% 三乙膦酸铝可湿性粉剂 600 倍液。

4. 病斑刮治

及时刮除病瘤，主干、主枝涂抹伤口保护剂。保护剂品种有甲托油膏、60% 铜钙・多菌灵可湿性粉剂 100~150 倍以及轮纹终结者等生物制剂。

5. 果实采后管理

入库前严格筛选、剔除病果，减少贮藏期病害的发生，贮藏温度应低于 5℃，0~2℃是果实最佳贮藏温度。

注：该部分病害症状描述以及防控建议大部分来源于国家苹果产业技术体系病虫害防控研究室 – 苹果病虫害防控信息简报，2017 年第 7 卷，第 13 期。

三、干腐病

（一）病害简介

干腐病与轮纹病为同一病原。两种病症是同一病原的不同表现形式，病菌由皮孔侵入后发生轮纹病，由伤口侵入后发生干腐病。病原有性态称梨生囊壳孢，属真菌界子囊菌门。子囊壳产生于苹果树表皮下，黑褐色，球形或扁圆形。病菌发育最适温度 27℃，最低 7℃，最高 36℃。

（二）发病特点与病害诊断

干腐病主要危害枝干和果实，在枝干上形成溃疡型、条斑型和枝枯型三种症状。

图 5-9　干腐病

病菌主要在被害树的病皮内潜伏越冬，次年借风雨传播，经枝干和伤口、皮孔和死芽等处侵入。幼树、老树均受其害，幼树一般早春定植后不久即开始发病，6月份病斑上可见许多黑色小点粒，病斑如扩展到10cm时，会使全树枯死。大树5~10月均可发病，6~8月和10月为发病的两次高峰期，特别是第一次危害较重。该病对树体长势、产量和收益影响很大。

（三）诱发因素

苗木携带病原是幼树发病的主要原因，气候条件、土壤条件、树势、水肥管理等与干腐病的发生存在相关性。

（四）防治技术

1. 科学管理

选择合理株行距，选择抗性品种，栽植时检查苗木侵染状况，发现侵染苗木立即移出园外，定植后定期检查主干，遇发病苗木后立即挖除。春季结合修剪，对伤口及时用药保护，同时避免树体造伤，拉枝、刻芽、扭梢造成的伤口也需及时用药保护。冬季对树体及时涂白，防止冻害。

2. 清理果园

结合春季修剪，及时将病枝、烂果、落叶、刮除的病皮组织等果园废弃物清理出园，集中销毁。

3. 树体喷药

新栽幼树或多年生幼树于发芽前喷施1次铲除性药剂，杀灭树体病菌，常用药剂有：30%戊唑·多菌灵悬浮剂400~600倍液、60%铜钙多菌灵佳可湿性粉剂400~600倍液、77%硫酸铜钙可湿性粉剂300~400倍液。

4. 病斑刮治

刮治方法与用药可参见腐烂病与轮纹病的防治。

四、褐腐病

（一）病害简介

苹果褐腐病是苹果生长后期和贮藏期中的一种常见病害，主要由无性阶段丝孢纲丝孢目丛梗孢属的4种病原菌引发。该病原菌可引起苹果果实腐烂，直接影响其经济价值，多在近成熟期开始发生，直至采收期与贮藏期。

（二）发病特点与病害诊断

9月下旬至10月上旬果实近成熟时为发病盛期，病菌从果表裂口或伤口处入侵发病。发病初果面仅产生一浅褐色水渍状小斑，后病斑急速扩大，病斑中心形成同心轮纹状灰白色霉丛，并迅速向周围果面扩展。病果果肉松软、少汁，呈海绵状，略有弹性，病果大量脱落腐烂。

褐腐病是一种高等真菌性病害，病菌以菌丝和孢子在病僵果上越冬，翌年条件成熟后形成孢子借风雨传播。其生长繁殖最适温度为25℃，但在0℃时仍能缓慢扩展，因此生长季节和贮藏期均可危害。

（三）诱发因素

高温、高湿环境是该病诱发的主要因素，此外，水肥供应失衡，果实营养元素缺乏也是此病发生的原因。

（四）防治技术

1. 科学管理

春季结合修剪，彻底清除树上和地面的病果僵果，夏季及时灌溉，避免干旱；多雨季节做好果园内的排水工作，降低园内湿度，抑制发病。定期割除园内杂草，使其保持5~10cm高度即可，过高、过密的杂草不利于水分的蒸发，会使果园长时间处于高温高湿状态。

2. 采后防治

避免早采或晚采，采收时轻采慢放、剪除果柄，避免碰伤果实，入库前预冷24小时释放田间热，挑除病、虫、伤果。贮藏期间需经常排查，发现病果及时清除出库，将贮藏温控制在 0.5~0.5℃。

3. 药剂防治

如往年褐腐病发生严重，则需在果实近成熟期喷药保护，喷药时间为采前 1~1.5 个月，连续喷施 2 次，间隔期 15 天。有效药剂有：30% 戊唑·多菌灵悬浮剂 1000~2000 倍液、70% 甲基托布津可湿性粉剂 800~1000 倍液、500g/L 多菌灵悬浮剂 600~800 倍液、10% 苯醚甲环唑水分散粒剂 1500~2000 倍液、45% 异菌脲悬浮剂 1000~1500 倍液等。

五、花腐病

（一）病害简介

苹果花腐病菌属于子囊菌亚门真菌，为苹果链核盘菌。病斑上发生的灰白色霉状物为该菌的分生孢子梗及分生孢子。花腐病在叶、花、幼果及嫩枝上都可发生，但以危害花、幼果为主。花腐症状有两种：

图 5-10　花腐病

一是当花蕾刚出现时，就可染病腐烂，病花呈黄褐色枯萎；二是由叶腐蔓延引起，使花从基部及花梗腐烂，花朵枯萎。

（二）发病特点与病害诊断

果腐是病菌从柱头侵入，通过花粉管而到达子房，而后穿透子房壁到达果面。幼果豆粒大时果面发生褐色病斑，病斑处溢出褐色黏液，并有发酵的气味，很快全果腐烂，失水后变为僵果，仍长在花丛或果台上。叶腐在展叶期发病较多，发病初期叶尖、叶缘或叶脉两侧产生红褐色小斑点，逐渐扩大呈放射状。病斑沿叶脉向叶柄发展，使叶片枯萎，空气潮湿时于病部产生灰白色霉状物（病菌的分生孢子梗和分生孢子）。枝腐是由病叶、病花、病果继续向下蔓延到新梢，在新梢上产生褐色溃疡病斑，绕枝一周，使病斑上部枝条枯死。

花腐病是一种高等真菌性病害，病菌主要以菌丝体在病僵果、病叶、病枝上越冬。翌年春季条件适宜时形成子囊盘及子囊孢子，随风雨传播，侵入幼叶、花等幼嫩组织。嫩叶与花朵上的潜育期为6~7天，幼果潜育期为9~10天。随着病菌的延续侵染，在病叶和病花上产生的分生孢子从花的柱头侵入，引起果腐与枝腐。

（三）诱发因素

1. 品种因素

金冠较为感病，元帅、红星等较抗病；小果型多数较感病，山定子发病早且重。单一品种成片栽植的比混栽的发病重。

2. 环境因素

低温多雨是引起花腐和叶腐发生的主要因素，幼果期低温多雨时，果腐发生较多。郁闭果园发病严重；地表杂草、病残体处理不彻底、山地果园、排水不良果园均会加重病害发生。

（四）防治技术

1. 科学管理

参见苹果褐腐病章节的管理措施。

2. 药剂防治

往年有此病发生的果园，翌年于萌芽前喷50%多菌灵800倍液，花露红期喷70%甲基托布津800倍液，落花后喷多抗霉素500倍液，可对花腐病有预防作用，对已发病的果园也有很好的效果。

六、霉心病

（一）病害简介

苹果霉心病主要危害果实，从果实近成熟期开始发病，造成果实心腐并脱落。病果心室发霉，充满灰绿色或粉红色霉状物，果肉从内逐渐向外霉烂。

（二）发病特点与病害诊断

发病初期，果实外观无异常，心室首先发霉，某些病果后期病菌突破心室壁可以向外扩展，造成果肉腐烂。该病主要有两种类型，一为霉心型，发霉部位只限于心室，不向外扩展，不影响果实食用。二为心腐型，病变组织在心室发霉后向外扩展，造成果肉腐烂，经济损失较重。发生严重时可造成幼果脱落。

霉心病是一种高等真菌性病害，可由多种弱寄生性真菌引起。这类病菌在自然界广泛存在。在苹果枝干、芽体等多个部位存活，也可在树体上及土壤等处的病僵果或坏死组织上存活，病菌来源十分广泛。第二年春季开始传播侵染，病菌随着花朵开放，首先在柱头上定殖，落花后，病菌从花柱开始向萼心间组织扩展，然后进入心室，导致果实发病。病果极易脱落，有的霉心果实因外观无症状而被带入贮藏库内，遇适宜条件将继续霉烂。

（三）诱发因素

病菌以菌丝体潜存于坏死组织或病僵果内或以孢子潜藏在芽的鳞片间越冬，次年以孢子传播侵染，从萼筒侵入果心，苹果发芽（或更早）至花期是病菌侵入的重要时期。病害的发生与品种关系最密切，凡果实萼口开放，萼筒长与果心相连的均感病。红星、红冠等元帅系的品种发病较重。

（四）防治技术

1. 药剂防治

正确的防治时期和防治药剂是防控此病的关键，最佳用药时期为初花 70% 时与落花 70% 后，重病园内可按以上两时期各用一次药，一般果园在落花后用一次药即可。常用药剂有：30% 戊唑·多菌灵悬浮剂 800~1000 倍液、70% 甲基托布津可湿性粉剂 600~800 倍液、1.5% 多抗霉素可湿性粉剂 200~300 倍液。

2. 采后防控

参见褐腐病部分的防控措施。

七、炭疽病

（一）病害简介

苹果炭疽病又称苦腐病、晚腐病，是苹果上重要的果实病害之一，我国大部分苹果产区均有发生，在夏季高温、多雨、潮湿的地区发病尤为严重。炭疽病菌除危害苹果外，还可侵染海棠、梨、葡萄、桃等多种果树以及刺槐等树木。

（二）发病特点与病害诊断

该病主要危害果实，也可危害枝条和果台。果实从近成熟期开始发病，初期果面上出现淡褐色小圆斑，外有红色晕圈，迅速扩大，表面下陷，果肉腐烂呈圆锥形，可烂至果心，具苦味。

当病斑扩大至直径 1~2cm 时，表面形成小粒点，后变黑色，即病菌的分生孢子盘，呈同心轮纹状排列。遇降雨或天气潮湿时则溢出绯红色黏液（分生孢子团）。病果上病斑数目不等，少则几个，多则几十个，甚至有上百个，但多数不扩展而成为小干斑。在温暖条件下，病菌可在衰弱或有伤的 1~2 年生枝上形成溃疡斑，多为不规则形，逐渐扩大，

图 5-11　炭疽病

到后期病表皮龟裂，致使木质部外露，病斑表面也产生黑色小粒点。病部以上枝条干枯。果台受害自上而下蔓延呈深褐色，致果台抽不出副梢干枯死亡。

炭疽病是一种高等真菌性病害，病菌以菌丝体在枯死、硬伤、病僵果上越冬，也可在刺槐上越冬，翌年落花后，在潮湿条件下病菌产生病菌孢子，由雨水传播开来，从果实皮孔、伤口或直接侵入危害。

（三）诱发因素

其诱发因素主要取决于越冬病菌数量的多少和果实生长期的降雨情况，降雨早且量大时有利于病菌的产生、传播和侵染，后期发病则重。另外，冰雹、冻害等非生物因素造成的伤口也可促使果实发病。

（四）防治技术

1. 科学管理

清除病源，休眠期彻底清理残枝、枯叶、僵果。果园内不种高秆农作物，园外不植刺槐，已种刺槐的果园应压低树冠，注意喷施铲除性药剂。结合修剪，打开光路，避免园内郁闭。对果实套袋可明显减少炭疽病的发生。

2. 药剂防治

于萌芽前喷施清园剂，不留死角。从落花后半个月开始，使用广谱杀菌剂进行喷施，每隔 15~20 天喷施 1 次，幼果期为重点防治期，药剂选用同苹果轮纹病、干腐病。

八、其他果实病害

其他生长期与贮藏期的果实病害还有黑腐病、红粉病、霉污病、苦痘病、青霉病、灰霉病等。大部分病害均为高等真菌性病害，其诱发因素主要与品种、果园管理、营养失衡以及环境、冻伤、机械伤等非生物因子造成。其防治原则主要为清理菌源、适期喷药、采后管控，用药品种请参见霉心病、褐腐病等部分内容。

九、白粉病

（一）病害简介

苹果白粉病在我国苹果产区发生普遍。除危害苹果外，还危害梨、沙果、海棠、槟子和山定子等，对山定子实生苗、小苹果类的槟沙果、海棠和苹果中的倭锦、祝光、红玉、国光等传统品种危害重。

（二）发病特点与病害诊断

白粉病主要危害嫩苗、梢、嫩叶、花及幼果。发病部位布满一层白粉是此病的主要特征。幼树被害时，叶片及嫩茎上产生灰白色斑块，严重时叶片萎缩、卷曲，后期病部长出密集的小黑点。新梢受害时，枝梢表面覆盖一层白粉，严重时，可形成一丛病梢。花芽被害则花萼、花柄扭曲，花瓣萎缩且变长。幼果被害，果顶产生白粉斑，后形成锈斑。

苹果白粉病是一种高等真菌性病害，以菌丝体在冬芽鳞片间或鳞

图 5-12　白粉病

片内越冬。翌年春季冬芽萌发时，越冬菌丝产生分生孢子，成为侵染源。5 月为发病盛期，通常受害最重的是病芽抽出的新梢。生长季中病菌陆续传播侵害叶片和新梢，病梢上产生有性世代，子囊壳放出子囊孢子行再侵染。秋季秋梢产生幼嫩组织时病梢上的孢子侵入秋梢嫩芽，形成二次发病高峰。10 月以后很少侵染。

（三）诱发因素

果园环境郁闭、潮湿、树体长势过旺是该病的主要诱发因素，此外，品种、树龄、营养失衡也是该病发生的主要因素。

（四）防治技术

1. 科学管理

控制灌水，注重平衡施肥，以磷钾为主，少施或不施氮肥。老龄果园通过群体间阀、个体改形、打开光路，避免园内潮湿与郁闭。清除病源，休眠期彻底清理残枝、枯叶、僵果。

2. 药剂防治

萌芽后至落花后是防治该病的关键时期，萌芽期喷 3 波美度石硫合剂。花前可喷0.5波美度石硫合剂或50%硫悬浮剂150倍液。发病重时，花后可连喷二次25%粉锈宁1500倍或6%氯苯嘧啶醇1000倍液。常用有效药剂还有：40%腈菌唑可湿性粉剂6000~8000倍、10%苯醚甲环唑水分散剂2000~3000倍、12.5%烯唑醇可湿性粉剂2000~2500倍、25%戊唑醇水乳剂600~800倍、70%甲基托布津可湿性粉剂800~1000倍、15%三唑酮可湿性粉剂1000~1200倍。

十、斑点落叶病

（一）病害简介

苹果斑点落叶病又称褐纹病，主要危害叶片，造成早落，也危害新梢和果实，影响树势和产量，在各苹果产区都有发生，以渤海湾和黄河故道地区受害较重。

（二）发病特点与病害诊断

主要危害叶片，造成早落，也危害新梢和果实，影响树势和产量。叶片染病初期出现褐色圆点，其后逐渐扩大为红褐色，边缘紫褐色，病部中央常具一深色小点或同心轮纹。天气潮湿时，病部正反面均可长出墨绿色至黑色霉状物，即病菌的分生孢子梗和分生孢子。夏、秋季高温高湿，病菌繁殖量大，发病周期缩短，秋梢部位叶片病斑迅速增多，一片病叶上常有病斑10~20个，多斑融合成不规则大斑，叶即穿孔或破碎，生长停滞，枯焦脱落。叶柄、1年生枝和徒长枝上，出现褐至灰褐色病斑，边缘有裂缝。幼果出现1~2mm的小圆斑，有红晕，后期变黑褐色小点或成疮痂状。影响叶片正常生长，常造成叶片扭曲和皱缩，病部焦枯，易被风吹断，残缺不全。果实染病，在幼果果面上产生黑色发亮的小斑点或锈斑。病部有时呈灰褐色疮痂状斑块，病健交界处有龟裂，病斑不剥离，仅限于病果表皮，但有时皮下浅层果肉可呈干腐状木栓化。

图 5-13 斑点落叶病

（三）诱发因素

该病的发生与流行取决于气候条件、树势强弱、叶龄和苹果品种的抗病性等多种因素。田间环境处于高温（25~35℃）、高湿（70% 以上）时，叶片迅速发病。因此，除降雨外，果园密植、树冠郁闭、杂草丛生所造成的通风不良、湿度过大会促进此病爆发。

不同品种抗病性有明显差异，新红星、元帅、印度青、北斗等易感病；嘎拉、富士等中度感病，金冠等发病较轻，乔纳金比较抗病。

（四）防治技术

1. 科学管理

根据自身果园土壤条件及往年树体感病情况，科学增施有机肥、磷钾肥、叶面肥，避免偏施氮肥造成枝条徒长；通过科学的株行距设置，先进的树体管理技术避免树体郁闭，改善通风透光条件；定期拔除树体周边杂草，行间生草园需在高温高湿季节定期刈割，生草高度控制在 10~15cm 为宜，及时中耕排除树底积水，降低果园湿度。果树休眠期清除残枝落叶，集中清理，萌芽期前做好清园工作，以减少初侵染源。

2. 药剂防治

防治时机是控制该病发生的关键，如往年发生较严重时，需在花后开始用药，一般用药2~3次，间隔期为10天，药剂可选择的有：30%戊唑·多菌灵悬浮剂1000~1200倍液、70%甲基托布津可湿性粉剂600~800倍液、1.5%多抗霉素可湿性粉剂300~400倍液、50%异菌脲可湿性粉剂1000~1200倍液、50%甲基硫菌灵可湿性粉剂400~600倍液等。重点关注6~7月份果园降水情况，如此时期有降水发生，可考虑以甲基硫菌灵为主要有效成分的药剂，若雨前7天内没有喷施过杀菌剂，雨后的3天内需喷施内吸性杀菌剂，用药的最佳时机为降雨前或降雨后，越接近降雨喷施，效果越好。

十一、炭疽叶枯病

（一）病害简介

一种由炭疽病菌引起的新病害，包括中国在内的世界各苹果产区大范围爆发和流行，对苹果产量和品质均造成巨大影响，严重制约苹果产业健康可持续发展。该病主要侵染苹果叶片，使叶片产生黑褐色病斑，最终干枯脱落，也会在夏季侵染果实造成果面的小型坏死斑点。

（二）发病特点与病害诊断

炭疽叶枯病为高等真菌性病害，病菌以菌丝体和子囊壳在病叶、落叶、病果、干枝上越冬，翌年产生大量病菌孢子通过气流、风雨传播。主要发生于嘎拉、金冠、秦冠等品种上，富士、元帅等品种表现高抗。发病初期，表现为不规则形、边缘不清晰、直径3~5mm的近圆形黑色病斑，透过光线观察，病部叶肉组织变黑坏死。发病后期，发展为叶斑型和叶枯型两种不同类型的病斑。

图 5-14 炭疽叶枯病

1. 叶斑型

常发生于干旱天气，此时病斑扩展缓慢，形成大小不等、形态无规则的褐色枯死型病斑，枯死斑周围现绿色晕圈。后期病叶变黄败落。

2. 叶枯型

常发生于高温高湿天气，此时病斑扩展迅速，常形成大型黑色坏死斑，使叶片的大部分部位变黑坏死、失水、焦枯、败落。

3. 果实症状

炭疽叶枯病侵染果实后，仅形成直径 1~2mm 的褐色至深褐色的圆形病斑，周围有红色晕圈。病斑不再扩展，与典型的果实炭疽病不同。当嘎拉、金冠、秦冠、乔纳金等品种叶片上出现大量枯死斑时，极有可能是炭疽叶枯病。

（三）诱发因素

该病的发生与流行取决于气候条件、树势强弱、叶龄和苹果品种抗病性等多种因素。高温，高湿时，叶片迅速发病。果园密植、树冠郁闭、杂草丛生所造成的通风不良、湿度过大叶会促进此病爆发。

（四）防控技术研究进展

研究发现，该病可侵染新芽，在高温高湿环境下，果树落叶率和病果率可达到90%。二硫代氨基甲酸盐类杀菌剂（如代森锰、代森联和甲基代森锌等）对该病具有显著的控制效果，在苹果生育早期，病害防治指数可达80%。波尔多液对该病具有显著的疗效，其作用时间长，防控效果好。此外，生物杀菌剂的使用以及抗性品种的培育也是该病近年来研究的热点内容。

注：以上内容引自马亚男等于2018在《山东农业科学》杂志发表的文章《苹果炭疽叶枯病研究进展》。

（五）防治技术

1. 科学管理

参见斑点落叶病。

2. 药剂防治

重点关注7~9月份果园降水情况，用药种类可参见斑点落叶病。用药最佳时机为：遇3次以上雨量大于10mm、持续时间超过24小时或遇7天以上的连续阴雨，雨后应立即喷施内吸杀菌剂。对炭疽叶枯病敏感品种，可喷施吡唑醚菌酯为主要有效成分的杀菌剂。

十二、褐斑病

（一）病害简介

苹果褐斑病是由苹果褐斑病菌引起的早期落叶病害之一，可使叶片黄化，并在成熟前大量脱落，由此造成树体营养积蓄不足，影响果实的产量与品质。苹果褐斑病在我国陕西、山东等各大苹果产区发生较为普遍，已造成严重的经济损失。

（二）发病特点与病害诊断

苹果褐斑病为高等真菌性病害，病菌以菌丝体和子囊壳在病叶、落叶、病果、干枝上越冬，翌年产生大量病菌孢子通过气流、风雨传播。

生产中多数苹果主栽品种对褐斑病表现为感病。有针芒状、同心轮纹状、混合型和褐点型 4 种不同类型的症状。典型症状为“绿缘褐斑”，即当病叶脱落时，正常叶组织内叶绿素分解变黄，病斑褐色，病斑外缘仍保持绿色。

1. 针芒状

病菌侵染后，在叶片正面表皮下形成无色至褐色菌索，菌索放射状生长扩展，形成大小不等、形状不定、边缘不齐的病斑。菌索上散生黑色小点，为病菌的分生孢子盘。

2. 同心轮纹状

病菌侵染后，菌丝不集结形成菌索，而向四周均匀生长扩展，逐渐形成暗褐色圆形病斑，病斑上有同心轮纹排列的黑色小点。

图 5-15　苹果褐斑病

注：该部分内容源自国家苹果产业技术体系病虫害防控研究室李保华、王彩霞。

3. 混合型

病菌侵染后，初期不形成菌索，菌丝向不同方向均匀扩展，后期菌丝集结形成菌索，放射状扩展，最终形成暗褐色、近圆形或不规则病斑，病斑较大，病斑上散生黑色小点。

4. 褐点型

苹果幼嫩叶片受侵染，常在叶片上形成褐色圆形病斑，病斑直径为1~3mm。发病初期，病斑仅表现变色，后期坏死，病斑中央常有半球形分生孢子盘。在雨季，褐点形病斑发展为“圆斑”或“灰斑”。另外，受寄主抗性、病菌株系、侵染量和环境等因子的影响，褐斑病的病斑形状和大小变化很大，但绝大部分病斑都伴有菌索和分生孢子盘。

（三）诱发因素

发生与流行主要取决于气候条件。高温，高湿时，叶片迅速发病。果园密植、树冠郁闭、杂草丛生所造成的通风不良、湿度过大也会促进此病爆发。

（四）防治技术

1. 科学管理

参见斑点落叶病。

2. 药剂防治

如往年发病严重，应在5月下旬开始用药，用药间隔期为15天，需喷施至少3遍药。如往年发病较轻，则需关注降雨情况，用药最佳时机为，遇3次以上雨量大于10mm、持续时间超过24小时，或遇7天以上的连续阴雨，雨后应立即喷施内吸杀菌剂。较好的内吸性杀菌剂有：30%戊唑·多菌灵悬浮剂1000~1200倍液、70%甲基托布津可湿性粉剂800~1000倍液、25%戊唑醇水乳剂或乳油2000~2500倍液、10%苯醚甲环唑水分散粒剂1500~2000倍液、25%吡唑醚菌酯1500~2000倍。

十三、苹果锈病

（一）病害简介

苹果锈病又称苹桧锈病、赤星病、羊胡子。在全国苹果、梨产区普遍发生。该病害近年来发生普遍，危害严重，呈逐年上升趋势。该病主要危害叶片、新梢、果实。造成病叶变黄，出现丛毛状物，果实畸形早落。

（二）发病特点与病害诊断

锈病为一种转主寄生型高等真菌性病害，桧柏为其主要转主寄主。该病主要危害桧柏小枝，以菌丝体在菌瘿中越冬。翌年春季形成褐色的冬孢子角。冬孢子柄被有胶质，在春季降雨或土壤返潮、树体郁闭条件下胺化膨大，萌发产生大量担孢子，依靠自然传播途径传播至苹果叶片、叶柄、果实等部位，形成性孢子器和性孢子，继而形成锈孢子器和锈孢子，该病一年只发生一次。

发病时，叶片正面初生有光泽的黄色小斑点，逐渐扩大，形成近圆形橙黄色的病斑，叶背隆起，叶正面发病部位边缘红色。发病 1~2 周后，病斑背面丛生出淡黄褐色长毛状物。叶柄发病时，病部为橙黄色，

图 5-16　苹果锈病

图 5-17　锈病侵染初期

图 5-18　单个叶片严重侵染状

图 5-19　锈病侵染多个叶片

纺锤形，初期表面产生小点状性孢子器，后期病斑周围产生毛状的锈孢子器。幼果染病时，靠近萼洼附近的果面上出现橙黄色近圆形病斑，病斑表面产生初为黄色、后为黑色的小点粒，其后在病斑四周产生细管状的锈孢子器，病果生长停滞，病部坚硬，呈畸形。

（三）诱发因素

园区周围 10km 范围内种植桧柏是诱发该病的主要因素。

（四）防治技术

1. 禁种桧柏

禁止在园区周围10km范围内种植桧柏，禁止设置松柏树苗的育苗圃。道路两旁、公园、庭院等场所可采用非柏科类树种作绿化树。对于果园周围已有松柏类树木，且已造成严重危害的苹果主产地，可由当地政府协调，将果园周围5km范围内的松柏类树木改植为其他绿化树种。

2. 药剂防治

往年锈病较严重时，防控关键时期为苹果展叶至落花后，此时因喷施2次杀菌剂，施药间隔期为15天。可选杀菌剂有：25%戊唑醇水乳剂2000~2500倍液、70%甲基托布津可湿性粉剂800~1000倍液、10%苯醚甲环唑水分散粒剂2000~3000倍液等、40%腈菌唑可湿性粉剂6000~8000倍液、30%戊唑·多菌灵悬浮剂1000~1200倍液、80%代森锰锌可湿性粉剂600~800倍液等。

十四、花叶病

（一）病害简介

苹果花叶病为一种病毒性病害，是影响苹果生产的主要病害之一，在国内大部分苹果主产区均有发生，叶片受害后，造成叶片斑驳、花叶，影响叶片光合作用，果实受害后，导致果实小，出现歪果，影响苹果品质。

（二）发病特点与病害诊断

花叶病为全株性病害，感病后终身危害。病毒主要靠嫁接（芽接和切接）传染，通过接穗或砧木传播。还可通过树体伤口、昆虫、种子传播。病树症状较轻时，常表现为单个主枝或侧枝染病，此时对树体影响不大。症状较重时，全树染病，累及果实，造成结果率降低，果实品质下降。4~5月份为病害发展迅速期，7~8月份病害减轻，9月初症状又重新扩展，11月后停止扩展。

图 5-20　花叶病

花叶病为害症状主要有 3 种：

1. 轻花叶型

症状表现较早，发病程度较轻，只有少数叶片出现少量黄色斑点，高温季节症状可消失。

2. 重花叶型

叶片出现较大黄白色褪绿斑块，严重时病叶出现扭曲，高温季节症状不会消失。

3. 沿脉变色型

沿脉失绿黄化，形成黄色网纹，叶脉之间多小黄斑，而大型褪绿斑区较少。此外，有些株系产生线纹或环斑症状。

（三）诱发因素

当气温 10~20℃、光照较强、土壤干旱及树势衰弱时，有利于症状显现。当条件不适宜时，症状可暂时隐蔽。金冠、秦冠、红玉等品种发病较重。

（四）防治技术

1. 无病苗木培育

育苗时选用无病实生砧木，接穗时避免剪取病树枝条。苗圃内发现病苗时需彻底拔出并销毁。购置成品苹果苗时可选用脱毒苗。

2. 科学管理

加强肥水管理，增施有机肥，增强树势，对于重病树需及时彻底刨除并销毁。

十五、锈果病

（一）病害简介

锈果病俗称“花脸病”，是国内检疫性病害。在我国各苹果产区均有发生，海棠、沙果等苹果属果树和梨树也可感病，发病严重时，果园病株率可高达 10%。随着各地引种数量与频率的增加，锈果病也随之扩展开来。

（二）发病特点与病害诊断

锈果病为全株性类病毒病害，主要危害果实，一旦染病，终生受害，目前尚无有效治疗方法。锈果病除由病接穗、砧木通过嫁接传染外，树根部自然接触也能传染。还可通过修剪工具接触传染。梨树是该病的带毒寄主，但本身不表现症状，与梨树相邻的苹果园或梨树混栽苹果树发病较重。

锈果病在果实上的表现主要有 3 种：

1. 锈果型

发病时间为落花后 1 个月，病果顶部先发病，后逐渐沿果面纵向扩展，形成锈色斑纹，斑纹逐渐木栓化变成铁锈色病斑。病果生长后期，锈斑龟裂，果皮裂开。

2. 花脸型

病果着色后在果面散生近圆形不变红的黄绿色斑块。至果实成熟后，变为红、绿相间的花脸状。

3. 混合型

病果上表现有锈斑和花脸的复合症状。病果在着色前，多在果顶部发生明显的锈斑，或在果面散生零星斑块。着色后，在未发生锈斑的部分或锈斑周围发生不着色的斑块，呈花脸状。

图 5-21　锈果病

图 5-22　大量降雨造成锈果

（三）诱发因素

锈果病主要通过嫁接传染。结果树发病后经过 2~3 年扩展到全树。国光、秦冠、元帅等品种较易感病。金冠品种较抗病，带毒株一般不表现症状或症状较轻微。

（四）防治技术

1. 无病苗木培育

培育无病苗木、生产脱毒苗木是预防该病的根本措施。

2. 科学管理

加强肥水管理，增施有机肥，增强树势，对于重病树需及时，彻底刨除并销毁。避免苹果、梨混栽。树体修剪时可配备两套修剪工具，对病树修剪后更换修剪工具继续修剪。

第六章
主要虫害的防控

一、梨小食心虫

（一）发生规律

梨小食心虫属鳞翅目卷蛾科，是果树主要害虫，在华北地区1年发生3~4代，黄土高原、陕西关中地区1年发生4~5代，南方地区1年发生5~6代。各地均以老熟幼虫在树干翘皮下、剪锯口处结茧越冬，各虫态历期为：卵期5~6天，非越冬代幼虫期25~30天，蛹期7~10天，成虫寿命4~15天，完成一代生长期需40~50天。

（二）形态特征

成虫体长4.6~7mm，翅展10.6~15mm，灰褐色，无光泽。前翅缘有8~10组白色短斜纹，翅中央近外缘1/3处有一明显白点，椭圆状，扁平，隆起，初为淡黄色，三四天后成为乳白色。幼虫体长10~13mm，淡红至桃红色，腹部橙黄，头黄褐色，前胸盾片浅黄褐色，臀板浅褐色。胸、腹部淡红色或粉色。

（三）危害特征

越冬代成虫发生在4月中下旬，由于发生期不整齐，后期世代重叠严重，第1代幼虫主要危害芽、新梢、嫩叶、叶柄，极少数危害果。第2代幼虫危害果增多，第3代危害最重。危害果实时幼虫从梗洼及果实之间相贴处蛀入，前期被害果虫道浅，孔周围凹陷，后期蛀果孔较大，周围附有虫粪。虫道直向果心，早期受害果实易脱落。

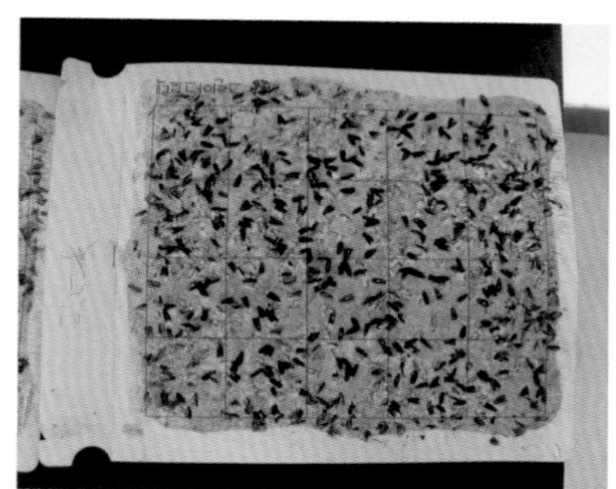

图 6–1 粘虫板诱集到的梨小成虫

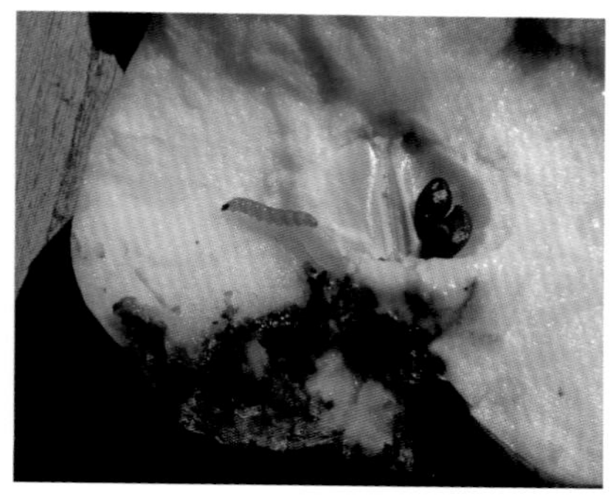

图 6–2 梨小幼虫

图 6–3 梨小食心虫危害花蕾

图 6–4 梨小食心虫危害幼果

（四）防控技术

1. 越冬代幼虫诱杀与铲除

于 9 月 15 日之前在第一主枝以下 10cm 主干处绑缚诱虫带，诱集潜入带内的越冬幼虫，翌年 3 月份之前解除诱虫带并销毁。

结合春季修剪，刮除主干粗、翘皮，将刮除的树皮组织集中深埋。同时，清除园内杂草、落叶、枯枝、烂果。

2. 成虫诱杀

利用成虫趋光性，在园内设置杀虫灯诱杀成虫。可将悬挂糖醋液诱蛾盆悬挂于果园，糖醋液对雌雄成虫均有诱杀作用，诱杀效果明显。

糖醋液配比为：糖：醋：水：酒=4 ：2 ：4 ：0.5。

3. 性信息素迷向防控

于 3 月下旬开始，将梨小食心虫性信息素迷向剂投放于果园，投放时果园外围加倍投放，果园内部可减少投放密度。具体投放方式为：集约栽培果园外围按照 1 点 / 树投放，内部区域隔 3~6 棵树投放。传统栽培果园外围按照 1 点 / 树投放，内部按照 1 点 / 3 树投放。投放时注意不留死角，投放高度一般为主干距离地面 1/2~2/3 处。

4. 化学农药防控

药剂防控关键要掌握喷药时机，需结合梨小食心虫诱捕器预测预报，具体方式为，于 4 月上旬在园内悬挂梨小食心虫诱捕器，每 7 天观察一次，当某一观察期内诱捕到的成虫数量明显升高时，开始用药防控梨小食心虫。常用药剂有：4.5% 高效氯氰菊酯乳油或水乳剂 1500~2000 倍、2.5% 溴氰菊酯乳油 1500~2000 倍液、1.8% 阿维菌素乳油 2000~2500 倍液、25% 灭幼脲悬浮剂 1500 倍等、1% 甲氨基阿维菌素 2000 倍。

5. 花果管理

以生产高品质果品为目标，合理疏果，只留单果，不留贴合果、丛生果，减少害虫隐匿场所，增加化学农药防控效果。同时，果实套袋也是最大程度减少食心虫危害的关键环节。

二、桃小食心虫

（一）发生规律

桃小食心虫属鳞翅目卷蛾科，是果树主要害虫，1 年发生 1~2 代。各地均以老熟幼虫在土壤中结茧越冬，越冬幼虫休眠时间长达半年之久，待翌年 6 月上中旬开始出土。幼虫出土后寻缝隙处结夏茧化蛹。蛹经 15 天左右羽化为成虫。6 月中下旬陆续羽化，7 月中旬为羽化盛期至 8 月中旬结束，羽化后 2~3 天产卵。卵多产于果实的萼洼、梗洼部位，虫口密度较多时也可见于叶背、果柄等处。

（二）形态特征

雌虫体长7~8mm，翅展16~18mm；雄虫体长5~6mm，翅展13~15mm，成虫身体灰褐色，前翅灰白色，中部近前缘有近似三角形蓝黑色斑1个，翅面有7~9簇斜立毛丛。雌虫唇须长，前伸，雄虫唇须较上翘。卵近圆形或筒形，初产卵为黄白色，渐变至橙红色或深红色，卵顶密生小点，卵顶环生2~3圈“Y”状刺毛，卵壳表面具不规则多角形网状刻纹。幼虫体长13~16mm，桃红色，腹部色淡，无臀栉，头黄褐色，前胸盾黄褐至深褐色，臀板黄褐或粉红。

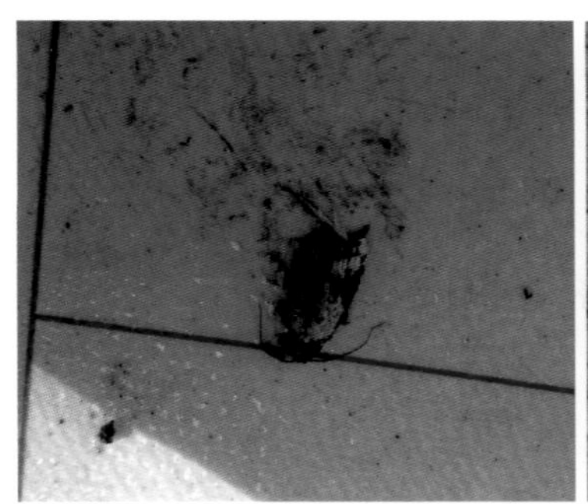

图6-5 桃小食心虫成虫及桃小食心虫幼虫

图6-6 老熟幼虫脱果

（三）危害特征

成虫交尾产卵后，卵经 7~10 天孵化为幼虫，幼虫经果面爬行，咬破果皮蛀入果内，蛀孔处现泪珠状胶质点，幼虫入果后在皮下串食果肉，果面现凹陷痕迹，果实变形，形成畸形果。被害果内充满虫粪，形成豆沙馅，老熟幼虫经 20 天左右脱果。

图 6-7　桃小食心虫危害果实

（四）防控技术

1. 性信息素迷向防控

于 6 月上中旬开始，将桃小食心虫性信息素迷向剂投放于果园，投放时果园外围加倍投放，果园内部可减少投放密度。具体投放方式为：集约栽培果园外围按照 1 点 / 3 树投放，内部区域隔 5~10 棵树投放。传统栽培果园外围按照 1 点 / 树投放，内部按照 1 点 / 3 树投放。投放时注意不留死角，投放高度一般为主干距离地面 1/2~2/3 处。

2. 化学农药防控

药剂防控关键要掌握喷药时机，需结合桃小食心虫诱捕器预测预报，具体方式为，于 6 月上旬在园内悬挂桃小食心虫诱捕器，每 7 天观察一次，当某一观察期内诱捕到的成虫数量明显升高时，开始用药防控。常用药剂有: 4.5%高效氯氰菊酯乳油或水乳剂1500~2000倍、2.5%溴氰菊酯乳油1500~2000倍液、1.8%阿维菌素乳油2000~2500倍液、25%灭幼脲悬浮剂1500倍等、1%甲氨基阿维菌素2000倍。

3. 花果管理

以生产高品质果品为目标，合理疏果，只留单果，不留贴合果、丛生果，减少害虫隐匿场所，增加化学农药防控效果。同时，果实套袋是最大程度减少食心虫危害的关键环节。

三、苹果蠹蛾

（一）发生规律

苹果蠹蛾属鳞翅目卷蛾科，是一类对世界水果生产具有重大影响的有害生物，是一种世界性检疫害虫。在我国，原先仅分布于新疆，随后逐渐沿甘肃河西走廊向东部扩散，如今已威胁西北黄土高原、引黄灌区苹果产区。

新疆地区1年发生1~3代，其他地区1年发生2代和一个不完整的第3代，发生世代重叠。以老熟诱虫在树干粗皮裂缝翘皮下、树洞中及主枝分叉处缝隙中结茧越冬。4月下旬越冬幼虫陆续化蛹，5月上旬为成虫羽化高峰期，5月中下旬和7月中下旬分别为1、2代幼虫发生盛期，也是蛀果的两个高峰期，6月上旬及8月上旬为幼虫危害脱果期。

（二）形态特征

成虫体长8mm，灰褐色带紫色光泽，前翅臀角处有一深褐色近圆形大斑，斑内有3条青铜色条斑。卵为椭圆形，长1.1~1.2mm，扁平，中央隆起，半透明。初产时为乳白色，渐变为淡黄色，显现红圈，孵化前能透见幼虫。老熟幼虫长头为黄褐色，胴部为红色，背面颜色较深，肛门两侧有2根臀棘，末端有6根。

（三）危害特征

成虫于 5 月上旬开始在果面或叶面产卵，每头可产 40~120 粒卵，卵期 5~12 天，第 1 代幼虫孵出后蛀果，在果内经 3 次蜕皮，30 天后成熟，老熟幼虫从蛀果孔附近脱果孔爬出，继续危害附近果实。6 月下旬出现第 1 代成虫，7 月上旬开始第二次危害。

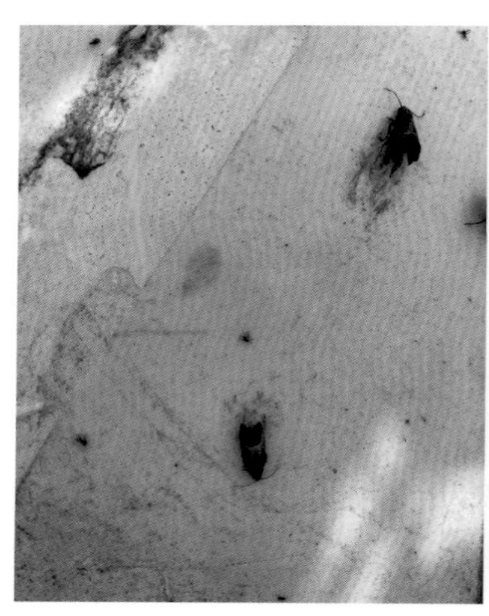

图 6-8　苹果蠹蛾成虫

图 6-9　苹果蠹蛾幼虫

图 6-10　苹果蠹蛾果面危害特征

（四）防控技术

1. 越冬代幼虫诱杀与铲除

于8月上旬之前在第一主枝以下10cm主干处绑缚诱虫带，诱集潜入带内的越冬幼虫，于翌年3月份之前解除诱虫带并销毁。

结合春季修剪，刮除主干粗、翘皮，将刮除的树皮组织集中深埋。同时，清除园内杂草、落叶、枯枝、烂果。

2. 成虫诱杀

利用成虫趋光性，在园内设置杀虫灯诱杀成虫。

3. 性信息素迷向防控

于4月中旬开始，将苹果蠹蛾性信息素迷向剂投放于果园，投放时果园外围加倍投放，果园内部可减少投放密度。具体投放方式为：矮砧集约栽培果园外围按照1点/3树投放，内部区域隔5~8棵树投放。传统栽培果园外围按照1点/树投放，内部按照1点/3树投放。投放时注意不留死角，投放高度一般为主干距离地面1/2~2/3处。

4. 化学农药防控

药剂防控关键要掌握喷药时机，需结合苹果蠹蛾诱捕器预测预报，具体方式为，于4月中旬在园内悬挂苹果蠹蛾诱捕器，每7天观察一次，当某一观察期内诱捕到的成虫数量明显升高时，开始用药防控。常用药剂有：4.5%高效氯氰菊酯乳油或水乳剂1500~2000倍、2.5%溴氰菊酯乳油1500~2000倍液、1.8%阿维菌素乳油2000~2500倍液、25%灭幼脲悬浮剂1500倍、10%二氯苯醚菊酯乳油1500倍、20%氰戊菊酯乳油2000倍、1%甲氨基阿维菌素2000倍。

5. 花果管理

以生产高品质果品为目标，合理疏果，只留单果，不留贴合果、丛生果，减少害虫隐匿场所，增加化学农药防控效果。同时，果实套袋也是最大程度减少苹果蠹蛾危害的关键环节。

四、金纹细蛾

（一）发生规律

金纹细蛾属鳞翅目细蛾科。分布于辽宁、河北、河南、山东、山西、陕西、甘肃、宁夏等地。该虫 1 年发生 4~5 代。以蛹在被害落叶内越冬。翌年 3 月中下旬越冬代成虫开始羽化。交尾后，将卵产于幼嫩叶片背面绒毛下，卵期 7~13 天。幼虫孵化后从卵底直接钻入叶片中，潜食叶肉，致使叶背被害部位仅剩下表皮，叶背面表皮鼓起皱缩，外观呈泡囊状，幼虫潜伏其中，被害部内有黑色粪便。老熟后，就在虫斑内化蛹。8 月为此虫危害盛期。各代成虫发生期大致为：第 1 代 5 月下旬至 6 月上旬、第 2 代 7 月中下旬、第 3 代在 8 月中旬、第 4 代在 9 月中下旬。

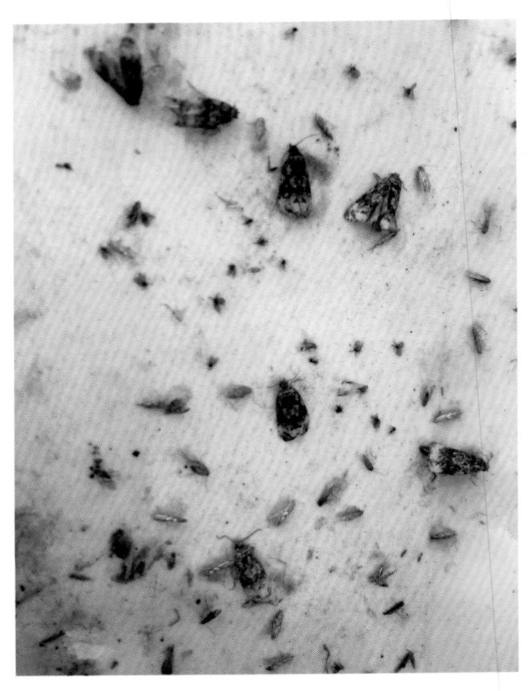

图 6-11　诱捕到的金纹细蛾成虫（小）

（二）形态特征

成虫前翅金黄，体长约2.5mm，体金黄色。前翅狭长，翅基到中部有两条平行银白色纵条，端部有6条发射状、银白色条纹。卵乳白色，椭圆形，长约0.3mm。幼虫细长，长约6mm，扁纺锤形，黄色，有3对腹足。

（三）危害特征

金纹细蛾以危害苹果叶片为主，严重时果园被害率100%，由于仅危害叶片，不危害果实，果农往往对该虫不够重视，然而，当该虫大发生时，每叶平均虫斑可达4块以上，促使叶片大量脱落，严重影响果树生长。

图6–12　金纹细蛾危害叶片

（四）防控技术

1. 成虫诱杀

利用成虫趋光性，在园内设置杀虫灯诱杀成虫。

2. 性信息素迷向监防

于4月中旬开始，将金纹细蛾性信息素迷向剂投放于果园，投放时果园外围加倍投放，果园内部可减少投放密度。具体投放方式为：矮砧集约栽培果园外围按照1点/3树投放，内部区域隔5~8棵树投放。传统栽培果园外围按照1点/树投放，内部按照1点/3树投放。投放时注意不留死角，投放高度一般为主干距离地面1/2~2/3处。也可将金纹细蛾监测诱捕器按照15个/亩的悬挂密度悬挂于果园，可起到监、防一体的作用。

3. 化学农药防控

药剂防控关键要掌握喷药时机，需结合金纹细蛾诱捕器预测预报，具体方式为，于4月中旬在园内悬挂金纹细蛾诱捕器，每7天观察一次，当某一观察期内诱捕到的成虫数量明显升高时，开始用药防控。常用药剂有：25%灭幼脲悬浮剂1500倍、4.5%高效氯氰菊酯乳油或水乳剂1500~2000倍、2.5%溴氰菊酯乳油1500~2000倍液、1.8%阿维菌素乳油2000~2500倍液、10%二氯苯醚菊酯乳油1500倍、20%氰戊菊酯乳油2000倍、1%甲氨基阿维菌素2000倍。

4. 科学管理

注重休眠期清园，当年发生严重的果园，应对落叶集中清理深埋，以防越冬代幼虫危害。

五、苹小卷叶蛾

（一）发生规律

苹小卷叶蛾是苹果、桃、梨等果树的主要害虫之一。苹小卷叶蛾1年发生2~4代，幼虫常在主干皮缝、剪锯口、机械伤等处越冬。

在3代发生区，6月中旬越冬代成虫羽化，7月下旬第一代羽化，9月上旬第二代羽化。在4代发生区，越冬代为5月下旬、第一代为6月末至7月初、第二代在8月上旬、第三代在9月中旬羽化。

（二）形态特征

成虫体长6~8mm，头、胸、前翅为黄褐色。前翅前缘到后缘有两条深褐色斜纹，前翅后缘肩角处、前缘近顶角处各有一小的褐色纹。卵为扁平椭圆形，淡黄色半透明，数十粒排成鱼鳞状。幼虫体细长，头较小、淡黄色。小幼虫呈黄绿色，大幼虫呈翠绿色。蛹为黄褐色，腹部背面每节有两排刺突，前排粗，后排细。

（三）危害特征

春季果树萌芽时出蛰，危害新芽、嫩叶、花蕾，坐果后在两果靠近处啃食果皮，形成疤果、凹痕，严重影响果实品质。

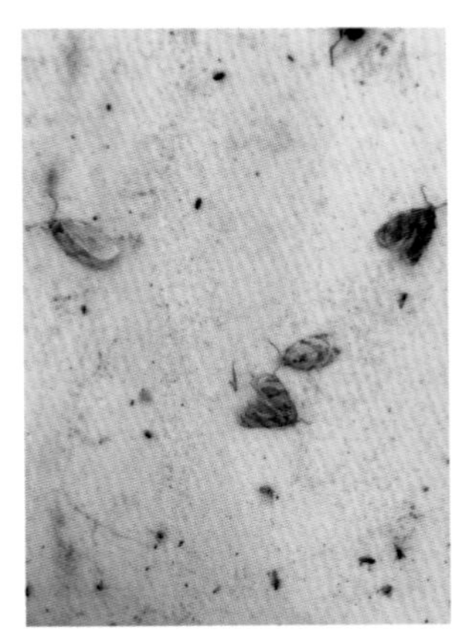

图6–13 苹小卷叶蛾成虫

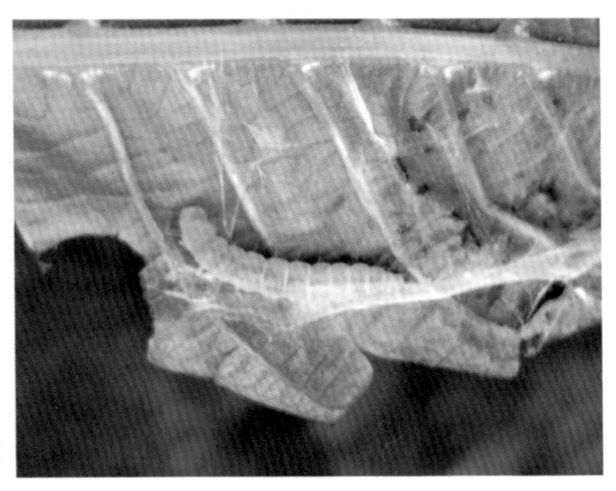

图6–14 苹小卷叶蛾幼虫

（四）防控技术

1. 越冬代幼虫诱杀与铲除

于9月15日之前在第一主枝以下10cm主干处绑缚诱虫带，诱集潜入带内的越冬幼虫，于翌年3月份之前解除诱虫带并销毁。

图 6-15　苹小卷叶蛾幼虫危害状

结合春季修剪，刮除主干粗、翘皮，将刮除的树皮组织集中深埋。同时，清除园内杂草、落叶、枯枝、烂果。

2. 成虫诱杀

利用成虫趋光性，在园内设置杀虫灯诱杀成虫。可将悬挂糖醋液诱蛾盆悬挂于果园，糖醋液对雌雄成虫均有诱杀作用，诱杀效果明显。糖醋液配比为：糖：醋：水：酒 =4 ： 2 ： 4 ： 0.5。

3. 性信息素迷向防控

于 6 月下旬开始，将苹小卷叶蛾性信息素迷向剂投放于果园，投放时果园外围加倍投放，果园内部可减少投放密度。具体投放方式为：矮砧集约栽培果园外围按照 1 点 / 3 树投放，内部区域隔 5~8 棵树投放一点。传统栽培果园外围按照 1 点 / 树投放，内部按照隔树投放。投放时注意不留死角，投放高度一般为主干距离地面 1/2~2/3 处。

4. 化学农药防控

药剂防控关键要掌握喷药时机，需结合苹小卷叶蛾诱捕器预测预报，具体方式为，于6月上旬在园内悬挂苹小卷叶蛾诱捕器，每7天观察一次，当某一观察期内诱捕到的成虫数量明显升高时，开始用药防控。常用药剂有：4.5%高效氯氰菊酯乳油或水乳剂1500~2000倍、2.5%溴氰菊酯乳油1500~2000倍液、1.8%阿维菌素乳油2000~2500倍液、25%灭幼脲悬浮剂1500倍等、1%甲氨基阿维菌素2000倍。

5. 花果管理

以生产高品质果品为目标，合理疏果，只留单果，不留贴合果、丛生果，减少害虫隐匿场所，增加化学农药防控效果。

六、顶梢卷叶蛾

（一）发生规律

顶梢卷叶蛾属鳞翅目小卷叶蛾科白小卷蛾属，分布十分普遍。各地发生代数不同，北方地区1年发生2代；中部地区1年3代；南部

图6-16 顶梢卷叶蛾幼虫

图6-17 顶梢卷叶蛾危害状

地区1年3~4代。以二、三龄幼虫在枝梢顶端的卷叶中结茧越冬，翌年气温达10℃以上时，越冬幼虫离茧，迁移至新梢嫩叶上吐丝做囊。平时静伏其中，取食时虫体伸出囊外，啮食附近幼芽、蕾、花、幼果及嫩梢，以嫩梢受害最重。

（二）形态特征

雌蛾体长6~7mm，翅展13~15mm，雄蛾略小。身体与前翅为淡灰褐色。前翅基部1/3处及中部有一暗褐色弓形横带，后缘近臀角处具有一近似三角形的暗褐色斑。卵为扁椭圆形，乳白色，长0.7mm。幼虫体粗短，淡黄色，长8~10mm。头、前胸背板、胸足均为漆黑色。蛹为纺锤形，黄褐色，体长6mm左右。

（三）危害特征

以幼虫危害为主，主要危害枝梢嫩叶及生长点，影响新梢发育与花芽形成，新定植幼树及苗木受害较重。

（四）防控技术

1. 人工防治

结合休眠期树体修剪，剪除虫梢并加以烧毁，消灭过冬幼虫。幼虫喜在梢上第三至五节侧芽附近过冬，所以剪梢位置相应放低一些。果树生长期发现时，及时剪除虫梢。

2. 化学农药防控

药剂防控关键要掌握喷药时机，需结合顶梢卷叶蛾诱捕器预测预报，越冬幼虫出蛰期与各代幼虫孵化盛期是用药关键时期。用药选择可参照“苹小卷叶蛾”。

七、橘小实蝇

（一）发生规律

橘小实蝇属双翅目实蝇科，是危害果蔬的主要有害生物，被列为国内外检疫对象。我国于1911年首次在台湾省台北市的柑橘园发现，在大陆于1937年报道有该虫发生。除柑橘外，还能危害杧果、番石榴、番荔枝等多种果实。近年来，北方多地发生橘小实蝇危害苹果事件，管理者需对该虫加以戒备。

根据地域不同，橘小实蝇1年可发生7~12代。在南方地区无越冬现象。其成虫在近成熟的果实上产卵，卵经2天左右开始孵化。幼虫孵化后取食果肉，在受害果实中发育成熟后，钻出果实，落地入土。老熟幼虫约1天时间成蛹后，再经过8~9天时间出土羽化。再经过12~14天后进入性成熟时期，雌雄成虫开始交配产生下一代。

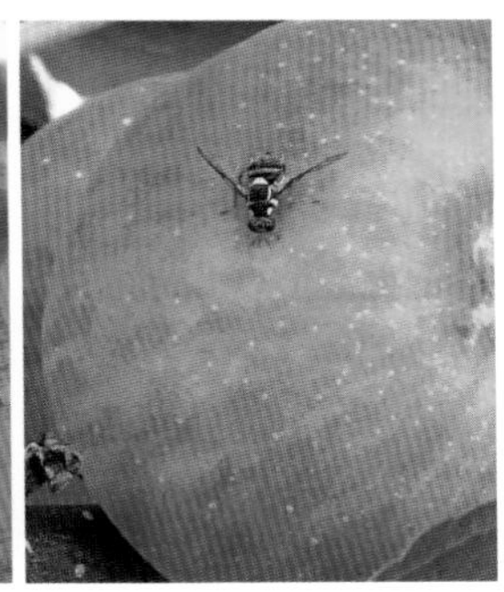

图6-18 橘小实蝇成虫

（二）形态特征

成虫体长7~8mm，翅透明，翅脉黄褐色，有三角形翅痣。通体黄黑色。胸背大部分黑色，“U”字形斑纹呈现明显黄色。腹部黄色，第1、2节背面各有一条黑色横带，从第3节开始中央有一条黑色的纵带直抵腹端，构成一个明显的“T”字形斑纹。卵梭形，乳白色，长约1mm，宽约0.1mm。幼虫黄白色，无头无足型，老熟后体长约10mm。围蛹，长约5mm，黄褐色。

（三）危害特征

成虫产卵于寄主果实后，幼虫在果实中取食果肉，幼虫成熟后从果实中钻出入土化蛹。果实受橘小实蝇幼虫危害后，可造成落果或使果实失去经济价值，严重发生的地区可造成作物绝产或大部减产。

（四）防控技术

1. 成虫诱杀

利用橘小实蝇具有很强飞翔能力的特点，在果园悬挂一定密度的粘虫板，诱补实蝇成虫。

2. 性信息素迷向防控

将橘小实蝇性信息素迷向剂投放于果园，投放时果园外围加倍投放，果园内部可减少投放密度。具体最适投放密度需经试验论证。

3. 食诱剂诱捕

将橘小实蝇诱捕器配合实蝇食诱剂，该种橘小实蝇蛋白饵剂，可稳定挥发氨基酸气味，专一引诱雌蝇，防治效果比较理想。

4. 天敌防控与不育实蝇释放

培育、释放切割潜蝇茧蜂、布氏潜蝇茧蜂、长尾潜蝇茧蜂等橘小实蝇寄生性天敌。在橘小实蝇发生区，应用释放不育蝇控制野生蝇，

图 6-19　食诱剂诱捕效果及橘小实蝇性信息素监测诱捕器

是在对橘小实蝇进行综合防治中的一种补充技术。

5. 化学农药防控

药剂防控关键要掌握喷药时机，需结合橘小实蝇诱捕器预测预报，在成虫发生高峰期用药防控。具体方式为，在园内悬挂橘小实蝇诱捕器，每 7 天观察一次，当某一观察期内诱捕到的成虫数量明显升高时，开始用药防控。常用药剂有：4.5% 高效氯氰菊酯乳油或水乳剂 1500~2000 倍、2.5% 溴氰菊酯乳油 1500~2000 倍液、20% 甲氰菊酯乳油 1500~2000 倍等。

6. 科学管理

以生产高品质果品为目标，合理疏果，只留单果，不留贴合果、丛生果，减少害虫隐匿场所，增加化学农药防控效果。此外，对果实进行套袋也可有效防控该虫的危害。

八、棉铃虫

（一）发生规律

棉铃虫属鳞翅目夜蛾科，是危害果树的主要害虫，主要蛀食花蕾、嫩叶、新梢、果实。棉铃虫在华北地区发生 4 代，以蛹在土壤中越冬，翌年 4 月中下旬羽化，5 月上中旬为羽化盛期。6 月下旬至 7 月上旬为第 2 代幼虫危害高峰期，8 月上中旬和 9 月上中旬相继发生第 3、4 代，10 月上中旬老熟幼虫入土化蛹越冬。

（二）形态特征

成虫体长 15~20mm，翅展 27~38mm，灰褐色，前翅翅尖突伸外缘较直，斑纹模糊不清，中横线由肾形斑下斜至翅后缘，外横线末端达肾形斑正下方，亚缘线锯齿较均匀。后翅灰白色，脉纹褐色明显，沿外缘有黑褐色宽带，宽带中部 2 个灰白斑不靠外缘。前足胫节外侧有 1 个端刺。卵近半球形，顶部微隆起，高 0.55mm，直径 0.48mm。初产乳白色或淡绿色，逐渐变为黄色，孵化前紫褐色。老熟幼虫长约 40~50mm，初孵幼虫青灰色，以后体色多变，分 4 个类型。蛹长 13~23.8mm，宽 4.2–6.5mm，纺锤形，赤褐至黑褐色，腹末有一对臀刺，刺的基部分开。

图 6–20　棉铃虫幼虫

（三）危害特征

成虫产卵于嫩叶、嫩梢及果实上后，早龄幼虫主要取食嫩叶和新梢，3 龄后取食果实，多从果实中部钻蛀，果实被害后，形成黑褐色干疤或大的孔洞，导致果实腐烂、掉落。

（四）防控技术

1. 成虫诱杀

利用成虫趋光性，在园内设置杀虫灯诱杀成虫。

2. 性信息素迷向防控

将棉铃虫性信息素迷向剂投放于果园，投放时果园外围加倍投放，果园内部可减少投放密度。投放时注意不留死角，投放高度一般为主干距离地面 1/2~2/3 处。

3. 化学农药防控

药剂防控关键要掌握喷药时机，需结合棉铃虫诱捕器预测预报，在成虫发生高峰期用药防控。具体方式为，在园内悬挂棉铃虫诱捕器，每 7 天观察一次，当某一观察期内诱捕到的成虫数量明显升高时，开始用药防控。常用药剂有 5% 氯虫苯甲酰胺 1500 倍、5.7% 甲维盐 3000 倍 +5% 氯氟氰菊酯 1500 倍、13% 甲维·茚虫威 1000 倍、1600 单位 / 毫克苏云金杆菌 800 倍。

4. 科学管理

以生产高品质果品为目标，合理疏果，只留单果，不留贴合果或丛生果，减少害虫隐匿场所，增加化学农药防控效果。此外，对果实套袋也可有效防控该虫的危害。

九、绣线菊蚜

（一）发生规律

绣线菊蚜属半翅目蚜虫科。又名苹果黄蚜。主要危害苹果、沙果、海棠等。绣线菊蚜 1 年发生 10 余代，以卵在枝条皮缝、枝杈、树皮缝内越冬。翌年苹果萌芽时开始孵化。初孵若蚜先在芽缝或芽侧危害 10 余天后发育成熟，孤雌繁殖胎生后代，产生无翅和少量有翅雌蚜。5~6 月间继续以相同生殖方式产生胎生雌蚜，此时绝大多数为无翅蚜。6~7 月间为蚜虫繁殖高峰期，此时会产生大量有翅蚜扩散蔓延。7~8 月后发生量逐渐减少，秋后又有回升。10 月后有翅蚜迁回寄主，出现性母，产生性蚜，雌雄交尾产卵后以卵越冬。

（二）形态特征

有翅胎生雌蚜体长 1.5~1.7mm，翅展 4.5mm，近纺锤形，头、胸、口器、腹管、尾片均为黑色，腹部黄绿色或绿色，两侧有黑斑，复眼暗红色。无翅胎生雌蚜体长 1.4~1.8mm，纺锤形，黄绿色，复眼、腹管及尾片均为漆黑色。若蚜鲜黄色，触角、腹管及足均为黑色。卵椭圆形，漆黑色。

（三）危害特征

以若虫、成虫群集于寄主嫩梢、嫩叶背面及幼果表面刺吸危害，受害叶片常呈现褪绿斑点，后向背面横向卷曲或卷缩，影响新梢生长，群体密度大时，常有蚂蚁与其共生。幼果受害时，导致果实凹凸不平，影响果实品质。

图 6–21　无翅蚜虫

（四）防控技术

1. 化学农药防控

于苹果萌芽时全园喷施 3~5 波美度石硫合剂杀灭越冬虫卵。药剂防控关键要掌握喷药时机，落花后至麦收前后是苹果黄蚜防控关键时期，有效药剂有 70% 吡虫啉水分散粒剂 8000~10000 倍、10% 吡虫啉可湿性粉剂 1500~2000 倍、20% 啶虫脒可溶性粉剂 8000~10000 倍、4.5% 高效氯氰菊酯乳油或水乳剂 1500~2000 倍、2.5% 高效氯氟氰菊酯乳油 1500~2000 倍、1600 单位 / 毫克苏云金杆菌 800 倍。

2. 天敌防控

注重培养果园生态，保护本地天敌或引进天敌，绣线菊蚜的主要天敌有：瓢虫、草蛉、寄生蜂、花蝽等。

图 6–22 无翅蚜与有翅蚜混生

十、苹果棉蚜

（一）发生规律

苹果绵蚜属瘿绵蚜科绵蚜属，1 年发生 14~18 代，以若蚜在根瘤褶皱、根蘖基部、枝干翘皮、裂缝、剪锯口外周、伤口外周凹陷部越冬。于果树萌芽期出蛰，4 月下旬越冬代若虫变为无翅孤雌成虫，以胎生方式繁殖，5 月中下旬开始进入高危害时期，直至 7 月上旬，此时绵蚜繁殖力强，蔓延快。10 月下旬若蚜开始越冬。

（二）形态特征

有翅胎生雌蚜体长 1.7~2mm，翅展 6~6.5mm，身体近椭圆形，肥大，赤褐色，腹部色淡，体侧具有瘤状突起，着生短毛，身体被有白色蜡质棉状物。无翅胎生雌蚜体长 1.8~2.2mm，宽 1.2mm，身体近椭圆形，无斑纹，光滑，腹部暗红色，腹背分泌白色蜡状丝状物，体侧具有瘤状突起，着生短毛。老龄若虫体长 0.65~1.45mm，共 4 龄。卵椭圆形，由橙黄色变褐色，表面光滑。

图 6–23　苹果棉蚜危害状

（三）危害特征

成虫、若虫积聚吸食危害枝条伤口、新梢、剪锯口、叶腋、果洼和外露根系，受害皮层遭受危害刺激后肿胀成瘤，其上覆盖大量白色棉絮状物，易感染其他病害。受害树体发育不良，长势衰弱，产量降低，叶片受害时，造成大量叶片掉落，影响光合作用。

（四）防控技术

对于绵蚜发生严重的果园，需在花前及花后分别用药一次。绵蚜用药的第二个关键期是秋季，此时若绵蚜危害较重，还需用药一次。有效药剂有：70% 吡虫啉水分散粒剂 8000~10000 倍、10% 吡虫啉可湿性粉剂 1500~2000 倍、20% 啶虫脒可溶性粉剂 8000~10000 倍、4.5% 高效氯氰菊酯乳油或水乳剂 1500~2000 倍、2.5% 高效氯氟氰菊酯乳油 1500~2000 倍、1600 单位 / 毫克苏云金杆菌 800 倍。

十一、山楂叶螨

（一）发生规律

山楂叶螨属蜱螨目叶螨科。分布较广，北方梨、苹果产区受害较重。山楂叶螨在北方 1 年发生 6~10 代，部分地区发生代数更多，其发生代数与营养条件和发生地有效积温有密切关系，以雌成螨在主干、主枝和侧枝的翘皮下、裂缝内、根颈周围土缝、落叶下及杂草根部越冬，翌年花芽膨大期出蛰，花序分离期为出蛰盛期，出蛰时间可达 40 余天。成螨取食 7~8 天后开始产卵，出蛰后多集中于树冠内膛局部危害，以后逐渐向外堂扩散。常群集叶背危害，有吐丝拉网习性。9~10 月开始出现受精雌成螨越冬。

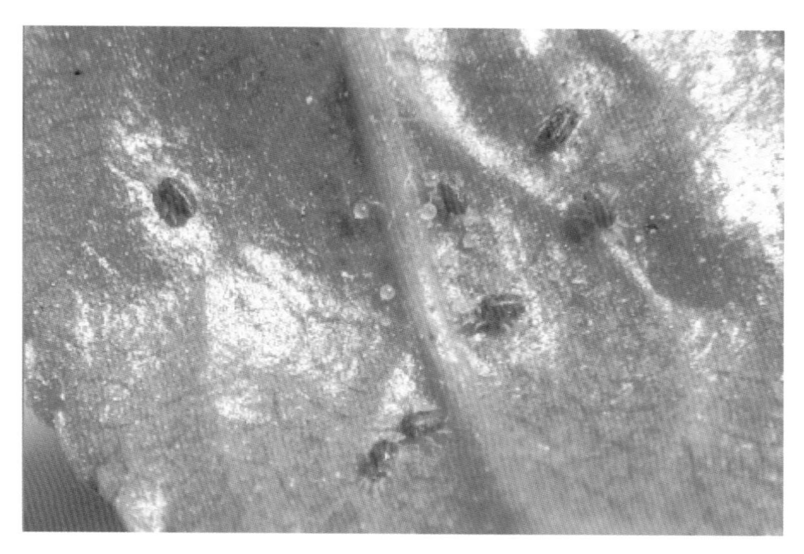

图 6-24　山楂叶螨

（二）形态特征

雌成螨卵圆形，体长 0.54~0.59mm，冬型鲜红色，暗红色，体背分 6 排，共 26 根刚毛；雄成螨体长 0.35~0.45mm，橙黄色，体末端尖削。卵圆球形，前期产卵为橙红色，夏季产卵呈黄白色。幼螨，初孵时圆形，黄白色，取食后为淡绿色，3 对足。前期若螨体背开始出现刚毛，两侧有明显墨绿色斑，后期若螨体较大，体形似成螨，有 4 对足。

（三）危害特征

以雌成螨、若螨、幼螨刺吸食叶片及幼嫩芽的汁液。叶片受害后，在叶背基部主叶脉两侧出现黄白色褪绿小斑点，随后扩大连成片，严重时全叶焦黄并脱落，严重抑制果树生长，甚至造成二次开花，影响当年花芽的形成和次年的产量。

（四）防控技术

1. 化学农药防控

对于山楂叶螨发生严重的果园，需在果树萌芽前后喷施 1 次 3~5 波美度石硫合剂用以杀灭树体越冬雌成螨。用药的第二个关键期是果树发芽后至花序分离期。有效药剂有：5% 噻螨酮乳油或可湿性粉剂 1200~1500 倍、1.8% 阿维菌素乳油 2500~3000 倍、20% 三唑锡悬浮剂 1200~1500 倍、15% 扫螨净乳油 3000 倍液，21% 灭杀毙乳油 2500~3000 倍液、50% 溴螨酯乳油 1000 倍液、73% 克螨特乳油 3000~4000 倍液、25% 除螨酯（酚螨酯）乳油 1000~2000 倍液等。

2. 科学管理

在苹果萌芽前结合树体修剪刮除树干上的老、粗翘皮，清除园内枯枝落叶及杂草，集中深埋。积极进行中耕除草。

3. 培育或引进天敌

注重果园生态建设，积极进行果园生草或自然生草，培育本地天敌，以虫治虫，同时避免使用伤害天敌的药剂，或可引进食螨瓢虫、塔六点蓟马、白僵菌等生物天敌。

十二、全爪叶螨

（一）发生规律

全爪叶螨属真螨目叶螨科全爪螨属。分布于北方大部地区。主要寄主有苹果、梨、桃、李及观赏植物樱花、玫瑰等。北方果区1年生6~9代，以卵在短果枝、果台基部、2年生以上枝条分杈、粗糙处、交接处等部位越冬，越冬卵孵化期与苹果物候期、气温有较强相关性，第1代夏卵在苹果盛花期始见，花后1周孵化，此后各虫态并存且世代重叠。5月中旬至下旬为成螨发生盛期，卵期夏季为6~7天，春秋季为9~10天，7~8月进入为害盛期，8月下旬至9月上旬出现冬卵。

（二）形态特征

雌成螨体长0.34~0.45mm，宽0.29mm左右，背部显著隆起，圆形，深红色，背毛26根，足4对，黄白色；各足爪间突具坚爪。雄螨体长0.30mm左右，初蜕皮时为浅橘红色，取食后呈深橘红色，体尾端较尖，其他特征同雌成螨。卵葱头形，顶部中央具一短柄。夏卵橘红色，冬卵深红色。幼螨淡红色至深红色。若螨体色接近成螨。

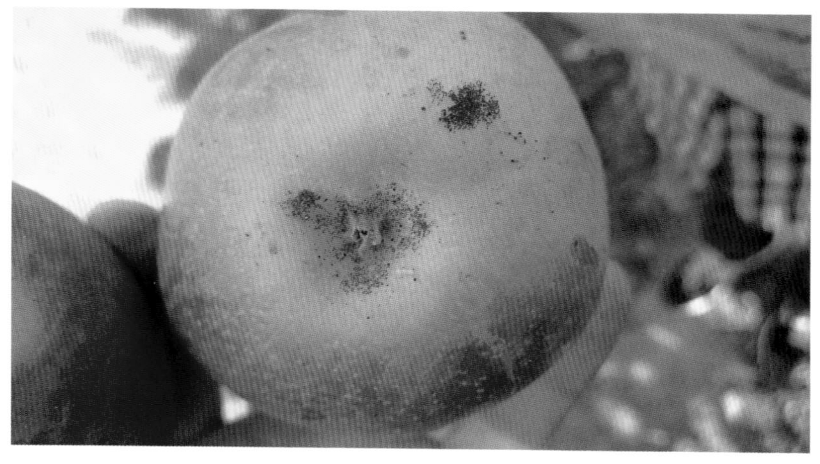

图6-25　苹果全爪螨在果洼处越冬

图 6-26　苹果全爪螨在枝杈处越冬

（三）危害特征

以成螨、若螨、幼螨刺吸食叶片及幼嫩芽汁液危害。叶片受害初期出现失绿小斑点，此后许多斑点连成斑块。在叶片上布满螨蜕，并有丝网。受害严重的叶片枯焦，似火烧状，提前落叶。全爪螨还可危害嫩芽和花器。

（四）防控技术

1. 化学农药防控

对于叶螨发生严重的果园，需在果树萌芽前后喷施 1 次 3~5 波美度石硫合剂用以杀灭树体越冬雌成螨。叶螨用药的第二个关键期是苹果落花后，此后在害螨数量快速增长期均需用药。有效药剂见“山楂叶螨”部分的内容。

2. 科学管理

在苹果萌芽前结合树体修剪刮除树干上的老、粗翘皮，清除园内枯枝落叶及杂草，集中深埋，积极进行中耕除草。

3. 培育或引进天敌

注重果园生态建设，积极进行果园生草或自然生草，培育本地天敌，以虫治虫，同时避免使用伤害天敌的药剂，或可引进食螨瓢虫、塔六点蓟马、小花蝽、草蛉、白僵菌等生物天敌。

十三、二斑叶螨

（一）发生规律

二斑叶螨属蛛形纲叶螨属，主要危害苹果，寄主多达200多种。二斑叶螨在北方1年发生12~15代，南方发生20代以上。以受精的雌成螨在果树根颈、翘皮、裂缝、杂草根等处越冬。翌年平均温度达到10℃以上时开始出蛰活动，先在早春杂草寄主上取食、产卵。卵期10天左右。第1代幼螨孵化盛期需20~30天。5月上旬开始迁移上树危害。6月上中旬至7月中旬是危害高峰期，8月中旬后危害减轻，10月后开始出现滞育个体，但若此时温度仍然较高，滞育个体仍可恢复取食，体色出现变化，11月后全部滞育越冬。

（二）形态特征

雌成螨体长0.42~0.59mm，椭圆形，体背有刚毛26根，排成6横排。生长季节为白色或黄白色，体背两侧各具1块黑色长斑，取食后呈浓绿、褐绿色，密度大。种群迁移、越冬前体色变为橙黄色。雄成螨体长0.26mm，近卵圆形，体末尖削，多呈绿色。卵圆球形，光滑，初产为乳白色，渐变橙黄色。幼螨初孵时近圆形，白色，取食后变暗绿色。前若螨体长0.21mm，近卵圆形，足4对，体背现色斑。后若螨体长0.36mm，与成螨相似。

（三）危害特征

二斑叶螨以幼螨、若螨、成螨刺吸叶片背面取食，受害叶片先从叶柄主脉两侧出现失绿苍白色斑点，随着危害的加重，使叶片变成灰白色至暗褐色，抑制了光合作用的正常进行，严重时可使叶片焦枯以致提早脱落。此外，二斑叶螨可释放毒素或生长调节物质，引起植物生长失衡，以致有些幼嫩叶呈现凹凸不平的受害状，大爆发时树周杂草、农作物叶片也一同受到危害。

（四）防控技术

1. 化学农药防控

对于二班叶螨发生严重的果园，需在果树萌芽前后喷施 1 次 3~5 波美度石硫合剂用以杀灭树体越冬雌成螨。叶螨用药的第二个关键期是苹果落花后，此后在害螨数量快速增长期均需用药。有效药剂见“山楂叶螨”部分的内容。

2. 科学管理

在苹果萌芽前结合树体修剪刮除树干上的老、粗翘皮，清除园内枯枝落叶及杂草，集中深埋。积极进行中耕除草。

3. 培育或引进天敌

注重果园生态建设，积极进行果园生草或自然生草，培育本地天敌，以虫治虫，同时避免使用伤害天敌的药剂，或可引进食螨瓢虫、塔六点蓟马、小花蝽、草蛉、白僵菌等生物天敌。

十四、康氏粉蚧

（一）发生规律

康氏粉蚧属同翅目粉蚧科粉蚧属，分布于北方大部苹果产区，1 年发生 3 代，以卵囊在树干、枝条缝隙、树干基部等处越冬。翌年果树萌芽期越冬卵开始孵化，初孵若虫爬至枝、芽、叶等部位危害。各代若虫孵化盛期为 5 月中下旬，7 月中下旬及 8 月下旬。若虫发育期，雌虫为 35~50 天，雄虫为 25~40 天。

（二）形态特征

雌成虫扁椭圆形，体长 3~5mm，粉红色，体表被有白色蜡粉，体缘具 17 对白色蜡丝，腹部末端 1 对为体长的 2/3。触角 7~8 节，腹裂 1 个，椭圆形，足细长。雄成虫体长约 1mm，体紫褐色，翅展 2mm，翅 1 对，前翅透明，后翅退化为平衡棒；卵长 0.3~0.4mm，椭圆形，浅橙黄色，卵囊白色絮状。若虫椭圆形，扁平，淡黄色，雄若虫为 2 龄，蛹淡紫色，长 1.2~2.5mm，白色棉絮状。

图 6–27　康氏粉蚧

（三）危害特征

以若虫、雌成虫刺吸芽、叶、果实及根部汁液危害，嫩枝和根部受害后常因肿胀且易纵裂而枯死。幼果受害后多成畸形果，影响果实正常发育，该虫还可排泄蜜露引起霉病发生，影响光合作用。

（四）防控技术

1. 化学农药防控

需在果树萌芽前后喷施 1 次 3~5 波美度石硫合剂用以杀灭树体越冬虫卵。萌芽后要注重前期防控，即第 1 代若虫与第 2 代若虫时期，最佳防治时期在若虫分散转移期至被蜡粉完全覆盖前。每代需喷药 1~2 次。常用有效药剂有：240g/L 螺虫乙酯悬浮剂 4000~5000 倍、25% 噻嗪酮可湿性粉剂 800~1000 倍、20% 甲氰菊酯乳油 1200~1500 倍、5% 高效氯氟氰菊酯乳油 2000~3000 倍。

2. 科学管理

在 9 月上旬前对树干绑缚诱虫带，诱集越冬成虫产卵，入冬或开春前解开销毁。在苹果萌芽前结合树体修剪刮除树干上的老、粗翘皮，清除园内枯枝落叶及杂草，集中深埋，积极进行中耕除草。

十五、朝鲜球坚蚧

（一）发生规律

每年发生1代，以 2 龄若虫在枝上裂缝、翘皮、伤口周边越冬，外

图 6–28 朝鲜球坚蚧

覆有蜡被。翌年 3 月中旬从蜡被里脱出，找寻固定点危害，而后雌雄分化。雄若虫 4 月上旬开始分泌蜡茧化蛹，4 月中旬羽化交配。5 月中旬前后为产卵盛期，常产卵于介壳下，卵期 7 天左右；5 月下旬至 6 月上旬为孵化盛期。初孵若虫分散到枝、叶背危害，落叶前叶上的虫转回枝上，以叶痕和缝隙处居多，此时若虫发育极慢，越冬前蜕 1 次皮，10 月中旬后以 2 龄若虫于蜡被下越冬。

（二）形态特征

雌成虫体近球形，长 4.5mm，宽 3.8mm，高 3.5mm；初期介壳质软，黄褐色，后期硬化，红褐至黑褐色，表面有极薄的蜡粉，背中线两侧各具1纵列不规则的小凹点，壳边平削与枝接触处有白蜡粉。雄体长 1.5~2mm，翅展 5.5mm，有 1 对翅，前翅发达，白色半透明，后翅进化为平衡棒；卵椭圆形，附有白蜡粉，初白色渐变粉红。初孵若虫长椭圆形，长 0.5mm，扁平，淡褐至粉红色被白粉；雌体卵圆形，背面隆起，淡黄褐色。雄体椭圆形，瘦小，背稍隆起；赤褐色。茧长椭圆形，半透明，扁平，背面略拱，有 2 条纵沟及数条横脊。

（三）危害特征

以若虫、雌成虫刺吸枝条汁液危害，枝条受害后常因肿胀且易纵裂而枯死，严重时导致树势衰弱，枝叶生长不良，枝条枯死。

（四）防控技术

1. 化学农药防控

需在果树萌芽前后喷施 1 次 3~5 波美度石硫合剂用以杀灭树体越冬

虫卵。5月下旬至6月上中旬为用药关键期，此时正为初孵若虫分散期，害虫无介壳防护，用药效果较好。常用有效药剂有：240g/L 螺虫乙酯悬浮剂 4000~5000 倍、25% 噻嗪酮可湿性粉剂 800~1000 倍、20% 甲氰菊酯乳油 1200~1500 倍、5% 高效氯氟氰菊酯乳油 2000~3000 倍。

2. 科学管理

在9月上旬前对树干绑缚诱虫带，诱集越冬若虫，入冬或开春前解开销毁。

十六、绿盲蝽

（一）发生规律

绿盲蝽属半翅目盲蝽科，在苹果、梨、枣、葡萄等果树上均有发生。绿盲蝽1年发生4~5代，在果树上时，以卵在果树枝条芽鳞内越冬。翌年果树萌芽后孵化，孵化后若虫刺吸嫩芽与嫩叶危害。第1代成虫发生于5月上旬，卵期35天，第1代后开始世代重叠危害。全年危害盛期约在5月上旬（第1代），6月上旬（第2代）。

图 6-29 绿盲蝽

图 6-30 绿盲蝽危害状

（二）形态特征

成虫体长5mm，宽2.5mm，绿色，前胸背板深绿色，分布许多小黑点，前缘宽。头部黄绿色，三角形，复眼突出，黑色，触角4节，丝状，较短。前翅膜片半透明，灰色。卵长1mm，稍弯曲，黄绿色，中央凹陷，两端突起，边缘无附属物。若虫5龄，与成虫体相似。初孵时绿色，复眼桃红色。3龄后出现翅芽，5龄后全体鲜绿。

（三）危害特征

以成虫、若虫、刺吸幼嫩枝条、叶片汁液危害，果树上主要以危害叶片为主，嫩叶受害后现许多深褐色斑点，随叶片生长发展成破裂穿孔。幼果也可受害，以果面上形成刺吸伤为主要特征，影响果实品质。

（四）防控技术

1. 化学农药防控

在果树萌芽前后喷施1次3~5波美度石硫合剂用以杀灭树体越冬虫卵。花序分离期与落花后为防治该虫的用药关键期，具体是否需要用药需视去年害虫发生情况与本年预测预报而定。常用有效药剂有：2.5%溴氰菊酯乳油3000倍、20%氰戊菊酯乳油3000倍、10%吡虫啉可湿性粉剂1200~1500倍、70%吡虫啉水分散粒剂8000~10000倍等。

2. 科学管理

在果树生长期及时割除园内杂草，留茬高度不宜过高，在果树萌芽前清除园内枯枝败叶，亦可在果树萌芽前对树干涂抹粘虫胶，阻断绿盲蝽上树通道。

十七、茶翅蝽

（一）发生规律

茶翅蝽为半翅目蝽科。在北方苹果主产区均有分布，近年来危害日趋严重。

该虫在华北地区1年发生1~2代，北京郊区1年发生2代，以受

图 6-31 茶翅蝽

精雌成虫在果园中或果园周边的室内、屋檐、墙缝、草堆等温暖处越冬。春季气温回升到10℃以上时开始出蛰，气温回升到20℃以上时迁飞至果园取食危害。越冬代成虫在5月中上旬交尾，下旬产卵，5月中旬开始见到第1代若虫。在6月上旬后产的卵，只发生1代。在6月上旬前所产的卵，于8月以前羽化为第1代成虫。第1代成虫很快产卵，发生第2代若虫。越冬代成虫平均寿命301天，最长达349天。10月后成虫开始潜藏越冬。

以成虫和若虫危害梨、苹果、桃、杏、李等果树及部分林木和农作物。叶和梢被害后症状不明显，果实被害处木栓化、变硬、发育停止而下陷。果肉变褐成一硬核，受害处果肉微苦，严重时形成畸形果，失去经济价值。主要危害叶片、花蕾、嫩梢、果实等部位。

（二）形态特征

体长15mm，宽约8mm，体扁，茶褐色，椭圆形，前胸背板、小盾片和前翅革质部有黑色刻点，前胸背板前缘横列4个黄褐色小点，小盾片基缘现5个淡黄色小斑点。卵短圆筒形，直径1mm左右，初产乳白色、近孵化时黑褐色。若虫5龄，体白色，初孵时近圆形，后变为黑褐色，无翅或仅有翅芽。

（三）危害特征

以成虫、若虫危害叶、梢、果实为主，叶梢部被害后症状不明显，果实被害后组织出现木栓化、变硬，导致发育停止。其典型特征为：果肉变褐并成一硬核，果肉微苦，形成畸形果，失去经济价值。

（四）防控技术

1. 化学农药防控

防治该虫的关键时期为茶翅蝽迁飞至果园初期，其次为各代产卵高峰期。常用有效药剂有：2.5% 溴氰菊酯乳油 3000 倍、20% 氰戊菊酯乳油 3000 倍等。

2. 科学管理

在苹果萌芽前结合树体修剪刮除树干上的老、粗翘皮，清除园内枯枝落叶及杂草，集中深埋，积极进行中耕除草。

十八、大青叶蝉

（一）发生规律

大青叶蝉属同翅目叶蝉科，又称大绿浮尘子，大青叶蝉主要危害幼龄果树的茎，使其坏死，还可传染病毒病。大青叶蝉一般在南方地区发生 5 代，北方地区发生 3 代，以卵在果树嫩梢和干部皮层内越冬。翌年果树萌芽后开始孵化，若虫迁移到附近杂草或蔬菜上危害，暂不危害果树，待 9 月下旬成虫迁飞至果树上产卵越冬，对树体造成危害，越冬卵长达 5 个月。

图 6–32　大青叶蝉危害状

（二）形态特征

雌成虫体长 9.4~10.1mm，头宽 2.4~2.7mm；雄成虫体长 7.2~8.3mm，头宽 2.3~2.5mm。头部绿色，颊区

近唇基缝处左右各现一个小黑斑；前翅端灰白色，复眼绿色。前胸背板淡黄绿色，后半部深青绿色。后翅烟黑色，半透明。卵白色微黄，长卵圆形，长 1.6mm，宽 0.4mm。若虫初孵化时为白色，略黄绿色，复眼红色。2~6 小时后体色渐变淡黄、浅灰或灰黑色。3 龄后出现翅芽。

（三）危害特征

大青叶蝉以成虫产卵危害枝条，也可以成虫、若虫刺吸汁液危害。成虫凭借产卵器刺破枝条表皮，在皮下产卵，使枝条表面产生许多月牙形突起；翌年春季卵孵化时撑破表皮，造成月牙形伤口，使枝条失水枯死。该虫主要危害幼龄果树。

（四）防控技术

1. 化学农药防控

北方地区防治该虫的关键时期为 9 月下旬至 10 月上中旬，此时需注意当地天气情况，当遇到强降温天气以后，立即喷施药物进行防控。常用有效药剂有：2.5% 溴氰菊酯乳油 2000 倍、20% 氰戊菊酯乳油稀释 3000 倍、4.5% 高效氯氰菊酯乳油 2000 倍、5% 高效氯氰菊酯乳油 3000 倍、1% 甲氨基阿维菌素 2000 倍。

2. 科学管理

对幼龄果树主干进行涂白，涂白时间为9月上中旬。涂白剂配方为：生石灰：粗盐：石硫合剂：水 =25 ： 4 ： 1 ： 70 或可购买成品果树涂白剂。

在苹果萌芽前结合树体修剪刮除树干上的老、粗翘皮，清除园内枯枝落叶及杂草，集中深翻，积极进行中耕除草。

第七章 果园鸟害及其防控

近年来，我国苹果产区普遍存在鸟雀啄食果实现象。据不完全统计，我国每年有 98% 以上的果园都会受到鸟雀的危害，果实产量损失达 30% 以上，收益损失高达 17 亿元。

一、鸟害现状

危害果园的鸟通常为杂食性鸟类。调查显示，北方地区危害果园的鸟种类主要有喜鹊、灰喜鹊、麻雀、乌鸦、灰椋鸟、斑鸠、红嘴蓝鹊等，南方地区主要有山雀、白头翁等。一年之中，在果实成熟期，鸟类对果园的危害最为严重，其次是果树萌芽期和开花期。

在美国华盛顿州，果园每年因受鸟类危害损失近 2800 万美元。在纽约州，因鸟害所造成的甜樱桃果实产量损失约 13%（2010），2012 年，该数据已达到 25%。在我国，中早熟品种果实每年因鸟类啄食而造成的产量损失达到 20%，而晚熟品种的损失率也达到 5%。

鸟类啄食果实时具有自主选择性，主要危害树体上部果实，而传统鸟类防控方法作用有限，有时还会产生负面影响。据一些果农反映，一系列的防治措施不但没换来果园的安宁，反而引来了更多鸟类的“集体报复”，出现了生态系统的恶性循环。

二、鸟害防控方法综述

1. 视觉驱鸟技术

视觉驱鸟最早起源于日本，主要利用鸟类视觉敏感性特点，在农田周围放置闪光塑料带、稻草人、鹰类等对杂食性鸟类有惊扰作用的物体驱赶鸟类。在以后发展中，人们陆续在树上悬挂一些光盘、塑料彩带或在地上铺反光膜，利用反射光来达到驱赶目的。

为了寻求更有效的驱鸟方法，人们还发明了一种动态驱鸟器—风力驱鸟器。其主要利用鸟类惧光这一习性，采用特殊轴承，在叶轮上

图 7-1 鸟类危害果实

图 7-2 鸟类危害并联优质果

图 7-3 驱鸟气球配合反光叶轮

安装镜片，在风力的作用下，风轮转动的同时反射光线，在驱鸟器的区域内形成一个散光区，鸟雀看到后有物体不断转动并且发出刺眼的光，因害怕而不敢靠近。我国河南省博爱县电业局针对鸟类对当地供电系统造成的危害，结合当地电路系统情况，首次在16条线路上安装了160个风力驱鸟器，一年后调查发现，该地区因鸟类引起的跳闸事故与去年相比下降了60%。20世纪后，我国成功研制了一种智能激光驱鸟器，该驱鸟器曾在曲靖电网和我国某些机场试用过一段时间，取得了良好的驱鸟效果。该装置主要利用鸟类对532mm波长的绿光光谱极其敏感的特征，发出直径152mm、波长532mm的类似棒状的绿色激光，激光在受害区域来回扫射，鸟类受到光亮刺激后，基于求生本能而逃离电线电杆或机场，以此达到驱鸟目的。激光驱鸟器的有效覆盖面积极大，直线照射距离可达3000m，由于该装置发出的激光是无定向性扫射，鸟类不会对具有这种激光的地面环境产生适应，能够产生较好的驱鸟效果。

2. 电子语音驱鸟技术

语音驱鸟主要是利用驱鸟器发出声音来干扰鸟类听觉系统。这一发明最早起源于19世纪70年代，德国的凯尔博士发明了一种能够播放雌性椋鸟的报警声的声音驱鸟器，当鸟雀危害果园时，播放此声音，让其同伴误以为有危险来临，以此在葡萄园驱赶椋鸟，其应用效果较好。同时，日本鸟害专家也利用鸟类听觉敏感这一特征，发明了一种电子炮驱鸟器，有效作用半径可达50m，该装置主要利用电流激发空气爆炸，爆炸产生的闪光能够对鸟类的视觉产生刺激作用，使鸟类听觉和视觉无法忍受而逃离。此外，为寻求既不影响人类生活，又能达到驱鸟效果的有效方法，日本还发明了一种磁力驱鸟器，在果园内也具有一定的驱鸟效果，但磁力本身是否能够驱鸟，目前还存在争议，有待进一步研究。美国JWB M.LLC公司生产了一种名为PRO Plus Combo的播放器，该播放器录有五种鸟类遇到危险时发出的报警声，当其在果园使用时，可依据害鸟种类任意组合各种声音，声音大小、长短也可随意调节，该种声音还可吸引害鸟天敌，达到综合防治的效果。

20 世纪后，我国国家农业信息化工程技术研究中心、北京市农林科学院研究发明了包括扬声器及其主控电路和电源电路的智能语音驱鸟系统，通过播放事先录制好的杂食鸟类天敌的惊叫声或同类杂食鸟类的悲鸣等声音，人为构建天敌入侵的场景模式，让正在觅食的杂食鸟类迅速逃离。

图 7-4　太阳能语音驱鸟设备

3. 超声波驱鸟器技术

机场驱鸟是最早使用超声波驱鸟技术的领域之一。自此以后，超声波驱鸟器逐渐被认为是一种有效的驱鸟方法。超声波驱鸟器的主要原理是利用超声波脉冲干扰刺激鸟类神经及生理系统，使鸟类无法忍受从而达到驱赶效果。而国外，一些大型果园也开始使用该技术进行果园驱鸟。实验表明，大型超声波驱鸟器的有效覆盖半径是 50m，可覆盖面积达 0.8hm^2，中型超声波驱鸟器有效覆盖半径是 20m，可覆盖面积达 0.21hm^2，小型超声波驱鸟器的有效覆盖面积是 10m，也可覆盖近 0.13hm^2 的果园。

4. 防鸟网阻隔技术

防鸟网被认为是驱鸟效果最有效、最环保的一种防控措施。其具有拉力强度大、韧性强、耐腐蚀、耐水湿等特点。对树形较小、种植面积小的果园，在果实开始成熟之前，对果园树体周围支架钢管，并在上方增设由铁丝纵横交织的网架，网架上搭建由尼龙丝制做的多种色彩专用防鸟网，将整个目标果园进行拉网覆盖，网的四周垂至地面并用砖块或土压实，以防止鸟类从网周围飞进。防鸟网阻隔在我国各个地区果园防治鸟害上应用较广，河北省辛集市林业局通过对当地梨园使用防鸟网阻隔技术后走访了 10 户果农调查发现，同一果园内不使用防鸟网，梨果受鸟雀危害损失达 150~250kg，使用防鸟网后果实产量受损在 0.5%~1%，从很大程度上提高了果农果园产量。

此外，一些地区还将防鸟网和防暴雨、冰雹等结合使用，起到了抵御自然灾害的功能。但是，防鸟网也有一些缺点，一是防鸟网价格较高，耐久性低，会提高果园投资；二是容易伤害鸟类。

图 7–5　普通透明防鸟网

图 7-6　有色防鸟网

值得思考的是，果园防鸟的目的是避免鸟雀啄食果实，而并非让鸟雀死亡，故在进行防鸟网搭建时，需尽量选择带有色彩的防鸟网，此举可避免鸟雀因误撞防鸟网造成死亡。

5. 化学驱避剂技术

化学驱鸟主要是将一些刺激性化学物质投放于果园，从而达到驱鸟之目的。目前，使用化学驱避剂驱鸟，在果园防治鸟害上已是一种常用的驱避措施。如今国内外登记注册的化学驱避剂有几十种，美国曾将氨茴酸甲酯（$NH_2C_6H_4CO_2CH_3$）应用在玉米、水稻、大豆等农作物上防治鸟害，后来被多个国家使用在浆果类鸟害防控上，该驱避剂会散发出类似葡萄味的一种香味，香味持续 5~8 天，如遇阴雨天气，香味持续时间更长，调查显示，在苹果上这种味道的持续时间一般是 14 天。有研究发现，将这种药剂喷施在樱桃上时，能使樱桃园因鸟害造成的损失减少 70% 以上。

虽然大多数化学驱鸟剂无毒或毒性低，但使用不当时容易产生化学残留，造成环境污染，针对以上问题，我国研发出了多种生物型驱鸟剂来防治鸟害。生物型驱鸟剂是采用纯天然原料加工制成，布点使用后，能够发散出一种影响鸟类中枢神经系统和呼吸系统的清香气体，可影响鸟类食欲。

图 7–7　鸟雀驱避剂

6. 蔗糖驱鸟技术

该方法主要是利用鸟类无法消化蔗糖的原理，将一定浓度的蔗糖液喷洒于果实上，鸟类因无法消化蔗糖而无法食用果实。在美国华盛顿州，当果实成熟时，种植者们将糖水喷洒在果园中，防止鸟类危害。该方法不只在樱桃上使用，在如蜜脆（Honeycrisp）、富士（Fuji）和嘎拉（Gala）等苹果品种上使用时也表现了较好的防控效果。众所周知，蔗糖是一种最常见的二糖，一些鸟类体内不能分泌消化二糖的酶，在食用蔗糖水后会腹痛，然后有轻微的腹泻，但不至于死亡。也有些果农会将其与其他化学品（如杀真菌剂）混合，进一步降低成本。值得一提的是，果糖作为一种单糖，对于某些鸟类则不起作用，因为这些鸟可以消化果糖，樱桃等水果作物就含有果糖。

7. 无人机驱鸟技术

无人机是利用无线电遥控设备和自备的程序控制装置操纵的无人驾驶的航空器。无人机起初在军事领域生机盎然，但其发展速度较为迟缓，直到 20 世纪 80 年代才得到了各国广泛应用。我国从 20 世纪 60 年代开始研究无人机，主要研究的是民用无人机和小型靶机，从事无人机的机构多数以高校和研究所为主。

（1）无人机结构分类

结构种类按动力来源可分为电动和油动；按机型结构可分为无人固定翼机、无人单旋翼机、无人多旋翼机、无人伞翼机和热动力飞行器；按起飞方式可分为助跑滑翔起飞、垂直起飞或垂直降落等。农业上应用的无人机多为固定翼或多旋翼型，固定翼无人机是由燃油发动机或电机等动力装置提供动力，由机翼产生升力的飞行器，能够通过适时控制副翼来保持动态的平衡，具有滑翔性能好、续航时间长、飞行速度快、飞行高度高等优点。多旋翼无人机是由 3 个或偶数个对称的螺旋桨同时转动产生推力而上升，具有性能平稳、操作简单、空中稳定悬停等优点。

图 7-8　载有仿声设备的驱鸟无人机

图 7-9　仿生驱鸟飞行器

图 7-10　新型果园飞行驱鸟设备

（2）无人机的用途

无人机在军用领域方面主要应用于战争，因为无人机具有体积小、质量轻、隐蔽性强、安全性好等优点，可以完成大型飞机无法完成的一些任务。无人机在民用领域方面普遍应用于航空拍摄、地质地貌测绘、森林救火、农田施药、农田信息检测、地震等灾难协助救援等。在农业病虫害防治中，无人机的作业高度和气流对药剂喷雾大小、飘移量具有较大影响，适宜超轻型直升机，可以在空中适时悬停，通过旋翼产生向下的气流可以增进雾流对植物的穿透性，防治效果较好，并且有效降低农药飘移量。

近年来航模驱鸟已成为一种新型的驱鸟方式，在空中驱鸟的设备中，作为载体的航模通常为遥控型，主要由操作员在视线范围内于地面操控。工作时，飞行器可在上空飞行过程中发射烟雾弹，通过烟雾及声音驱赶鸟类，航模驱鸟的遥控范围半径可达2500m，其驱赶效果要优于地面驱鸟系统，目前飞行器驱鸟设备主要应用于机场驱鸟，果园内应用较少。

三、苹果园鸟雀驱避技术研究概述

2014—2016年，笔者针对果园鸟害问题，通过田间试验研究了4种（物理阻隔、超声波驱赶、风动驱鸟、生物驱避驱避技术）鸟雀驱避技术的驱避效果，分析了鸟雀转移危害的特点，明确了不同密度生物驱避剂的驱赶效果，探索了驱鸟飞行器驱鸟作用。研究结果显示，有色防鸟网阻隔为最佳防鸟技术，其次为生物药剂驱避技术，超声波驱避与风动叶轮驱鸟在短期鸟雀防控中作用较好，但长期防控作用有限。

试验对不同品种果实（成熟期不同）遭受鸟害啄食的严重程度进行了调查，调查发现：8月份成熟（嘎啦）的果实易受到鸟害啄食，鸟雀啄食率达到28%。这说明，鸟雀主要危害早熟品种，9月份之后，鸟雀啄食现象逐渐减轻，到10月份之后，当富士果实成熟时，其受啄率下降到3.4%。

试验在田间悬挂不同密度（5个/亩、10个/亩、15个/亩）的生物驱避散发装置，研究其对鸟雀的驱避效果。分析表明，对照组果实的啄食面积显著高于试验组，其中对照组果实平均啄食面积为31.34cm^2，处理1（5个/亩）果实平均啄食面积为26.16cm^2，处理2（10个/亩）果实平均啄食面积为12.95cm^2，处理3（15个/亩）的果实平均啄食面积为3.77cm^2。对照组的平均果实啄食面积分别是处理组的1.20、2.42和8.31倍。说明鸟雀在没有安放驱避剂的对照区域停留时间最长，随着鸟雀驱避剂密度的增加，鸟雀停留时间缩短。驱避剂密度越高，果实受啄面积越小，驱避效果越好。

试验区域内的鸟害程度显著小于没有悬挂鸟雀驱避装置的对照区域，对照组平均啄果率分别是处理组的1.26、2.67和3.19倍。随着驱避剂密度的增加，鸟雀停留时间缩短，因此，鸟雀驱避剂在一定程度上起到了防止鸟害侵袭的作用。

针对现行鸟雀驱避技术弊端，研制果园驱鸟飞行器两种，一种为仿生外形设计，并可模拟捕食性鸟类鸣叫声；另一种为常规外形设计，具备长时间、长距离、操作简易等特点。执行任务时，飞行器可伴随捕食性鸟类鸣叫声在果园上空持续飞行10~20分钟，飞行高度可控制在5~200m，飞行速度可达到50m/s。利用该飞行器，可对大面积果园种植区域进行间隔巡航，从而达到驱赶鸟类的目的。

第八章
非生物因素危害与防控

在生物圈中，阳光、空气、水、土壤、温度和湿度等对生物生存有一定影响的因素称为非生物因素。在果树栽培中，对苹果造成危害的主要非生物因素包括低温冻害、高温高湿、暴晒、冰雹、盐碱土壤等，据统计，非生物因素对果树造成的危害占整个危害因素的30%，随着近年来全球气候变化的加剧，极端天气愈发频繁，已对果树生产造成严重影响。

一、果树休眠期低温冻害

（一）冻害简介

幼龄果树常会遭遇休眠期低温冻害，冻害发生后，常造成树体枝条抽干，严重时整树死亡，也会造成嫁接口冻伤后染病死亡。休眠期冻害的发生主要与品种、防寒管理措施不当有关。例如，业界普遍认为空气温度低于-24℃时，M9-T337矮化砧木就会发生冻害，造成苹果树死亡或减产。其他一些苹果矮化砧木，如美国的MAC系列和CG系列、加拿大的Ottawa系列、波兰的P系列、日本的JM系列等，其抗寒性也与M和MM系列相似，都难以在我国北方低于-24℃气温的苹果产区大面积推广应用，矮化砧木的低温冻害成为限制苹果矮砧集约栽培的主要因素。

（二）预防措施

1. 抗寒品种选择

果树定植前应充分考虑本地气候条件，在冬季寒冷地区应选择具有一定抗寒能力的砧木品种，如 B9、M26、GM256、ZM-2000 等矮化砧木。也应选择具有抗寒能力的主栽品种与授粉品种，例如寒富、长富 2 号、金冠等。同时，寒冷地区的现代集约栽培果园也可尝试采用乔化砧木配合短枝型品种来抵御严寒。

2. 科学管理

7 月下旬以后控制灌水和氮肥的使用，土壤追施磷、钾肥，间隔 15 天左右叶喷 2~3 次 0.2% 磷酸二氢钾。

7 月中旬至 8 月中旬对新梢进行 2~3 次摘心。

9 月下旬至 10 月初早霜来临以前，防治大青叶蝉 1~2 次，可选用 4.5% 高效氯氰菊酯乳油 2000 倍液或 20% 吡虫啉乳油 1500 倍液，全园喷布树体和杂草。

11 月中下旬进行人工落叶，只落掉一年生长枝上的叶片。或可喷施 5% 尿素辅助落叶。

11 月上旬后，对主干涂白保护，幼龄果树需注意嫁接口部位冻害，可在涂白结束后对嫁接口处覆草、埋土以防止冻害。

图 8-1　花期雪灾（2014 年 4 月，宁夏中宁县）

当幼树干粗达到 2.5cm 以上时，于 11 月上旬在树干涂白的基础上对主干上的 1 年生主枝涂抹动物油以防抽干。幼树干粗在 2.5cm 以下时，可在 11 月上旬剪除中干上的分枝，保留 1.5cm 短桩，保留 50~60cm 中干延长枝，选饱满芽处剪截，剪口留成平口，所有剪口用伤口保护剂涂抹。

对于新定植幼树，可在 11 月上旬对主干套袋并绑缚越冬。

二、果树花期低温冻害

（一）冻害简介

果树花期低温冻害主要指果树成花、坐果前后遭遇极端低温天气影响造成的花器、果实受害。随着全球气温变暖，早春温度回暖提前，果树萌芽期与花期也随之提前，加大了果树春季遭遇低温冻害的可能性。近年来，果树春季低温冻害已成为果树大面积减产的主要原因。

图 8-2　花期雪灾

图 8-3　低温冻害导致子房变黑

图 8-4　坐果期冻害导致果实萎缩

图 8-5 幼果期冻害造成霜环病的发生

（二）预防措施

1. 停止疏花、延迟定果

发生灾害苹果园立即停止疏花，以免造成坐果不足，待幼果坐定以后再根据坐果数量进行一次性定果。

2. 果园灌水、补肥

有条件的果园，应尽力采取各种方法灌水，缓解树体冻害对树体造成的不利影响，提高生理机能、增强抗性和恢复能力；叶面喷施尿素（0.3%~0.5%）、硼砂（0.2%~0.3%）或其他叶面肥料（如硅、钙、镁、钾、肥等）进行叶面、花朵喷雾，促进花器官发育和机能恢复，促进授粉受精和开花坐果。

3. 加强人工辅助授粉

人工点授、器械喷粉、花粉悬浮液喷雾等多种方法，严格进行人工辅助授粉。授粉时间以冻后剩余的有效花 50%~80% 开放时进行，重复进行2次。有条件的果园，可以在田间释放壁蜂和蜜蜂，以强化花期授粉。

（1）人工授粉方法

人工辅助授粉（每亩10g花粉加50g滑石粉或淀粉充分混合后，于未受冻开放当天用海绵球蘸少许花粉轻点雌蕊柱头）、喷施生长调节剂（芸苔素+0.3%硼砂）等措施，全面提高坐果率。

（2）喷施授粉方法

喷施授粉具有授粉速度快、喷粉集中、准确、节省人工等优点。

喷粉法：把苹果花粉加入10~50倍的滑石粉或淀粉，混合均匀后，用喷粉器喷撒，主要喷花朵，但要避开大风天气。也可将采集好的花粉按1 ： 10~20倍的比例增混滑石粉或干细淀粉，混合后，用鸡毛掸子沾取，敲打让花粉落到花柱上，以辅助授粉。

喷雾法：水10kg、蔗糖或蜂蜜300g、尿素20g、硼砂20g、干花粉20~25g。配制方法：先将蔗糖或蜂蜜、尿素、水配成混合液，临喷前加入花粉和硼砂，充分摇匀，用2~3层纱布滤出杂质，即可喷雾施用。配好后立即喷洒，随配随用，配好的液体最好要在1小时内用完，放置时间不要超过2个小时，此方法一般在50%~60%的花朵盛开时喷用。

（3）壁蜂释放方法

放蜂时间：壁蜂的释放时间应根据树种和花期的不同而定。苹果树一般于中心花开放前4~5天释放。蜂茧放在田间后，壁蜂即能陆续咬破茧壳出巢，7~10天出齐。若壁蜂已经破茧，要在傍晚释放，以减少壁蜂的逸失。

放蜂方法：壁蜂的释放方法有两种，一是单茧释放，即将越冬后的壁蜂茧装入巢管，每根巢管1个蜂茧；二是集体释放，将多个蜂茧平摊一层放在一个宽扁的小纸盒内，摆放在巢箱内的巢管上，盒四周戳有多个直径0.7cm的孔洞供蜂爬出。后一种方法壁蜂归巢率较高。

放蜂数量：初次放蜂果园每亩放蜂400~500头，连续多年放蜂果园每亩放200~300头即可。

预防天敌危害：蚂蚁、蜘蛛、蜥蜴和寄生蜂等是壁蜂的天敌，要防止其对壁蜂造成危害。蚂蚁可用毒饵诱杀。毒饵配方是：花生饼或麦麸250g炒香、猪油渣100g、糖100g、敌百虫25g、加水少许，均匀混合。每一蜂巢旁施毒饵约20g，上盖碎瓦块防止雨水淋湿和壁蜂接触。而蚂蚁可通过缝隙搬运毒饵而中毒死亡。对木棍支架的蜂巢，可在支架上涂废机油，以防止蚂蚁爬到蜂巢内食害花粉团和幼蜂。蜘蛛、蜥蜴和寄生性天敌，如尖腹蜂等，应注意人工捕拿清除。对鸟类危害较重的地区，在蜂巢前可设防鸟网。

回收和保存：果树花谢5~7天后，将巢管收回，把封口的巢管按每50~100支一捆，装入网袋，挂在通风、干燥、干净卫生的房屋中储藏，注意防鼠，以便幼蜂在茧内形成安全休眠，来年再用。这样周而复始地形成一定规模，除自用外还可将剩余的蜂销售，增加收入。翌年1月中下旬气温回升前，将巢管剖开，取出蜂茧，剔除寄生蜂茧和病残茧后，装入干净的罐头瓶中，每瓶放500~1000头，用纱布罩口，在0~5℃下冷藏备用。

4. 充分利用边花、晚花、腋花芽开花结果

实施精细定果：对于冻害较重、有效花量不足的果园，应充分利用边花、晚花、弱花和腋花芽开花坐果；幼果坐定以后，根据坐果量、坐果分布等情况进行精细定果；对坐果量不足的果园，每个有效花序可保留2~3个果实，以弥补产量损失。

5. 加强病虫害防控

重点加强对金龟子、蚜虫、花腐病、霉心病、黑点病、腐烂病、早期落叶病等的防控。

注：该部分预防措施来自于国家苹果产业技术体系花果管理岗位专家王金政研究员、银川苹果试验站王春良研究员。

图 8-6　壁蜂释放盒

图 8-7　壁蜂授粉

三、日灼病

（一）病害简介

日灼病为一种生理性病害，与阳光暴晒有关，主要发生于果实向阳面，当夏季高温干旱时，果实无枝叶遮阴，阳光直射造成果实表面发生烫伤，导致发病。紫外线强、阳光照射充足地区发病较多，套袋果在摘袋时遇高温天气时也可发病，矮砧集约栽培模式也易发生此病。

（二）预防措施

避免过度修剪，花果管理切忌过频过重，拉枝扭梢时注重果实角度。夏季注重园内水肥供应，避免干旱，保证果实膨大期水分充足。有条件的果园可配合防鸟搭建有色遮阴防鸟网。套袋果摘袋时可采用二次脱袋技术，避免果实突然遭受阳光直射。

四、盐碱害

（一）病害简介

果树在盐碱地上成活率很低，受盐害的果树常表现失绿症，并发生小叶病。苹果叶尖焦枯，变褐色。焦枯面积逐渐扩大，叶缘全部焦枯，沿叶缘一直向内延伸至1/3处，有时整个叶片坏死、褐色、干枯脱落。盐害对花芽分化和根、枝、叶、果实生长，也有显著的抑制作用。幼嫩器官发生顶枯，严重时，可造成死树或死根。

（二）土壤改良措施

1. 全园土壤改良

盐碱害比较严重时，应首先考虑灌水压碱，可在春季头水、冬季末水时全园漫灌，降低耕作层土壤盐碱含量。其次，可采用增施有机肥、农家肥、绿肥、行间生草、滴灌添加土壤改良剂等措施逐步改良土壤。当栽培区域地下水位较高时，需采用排水井、排水沟等方法降低地下水位。

2. 栽培带内土壤改良

果树定植时，需深挖定植带，利用羊粪、沙子、脱硫石膏、草炭配合原土混合后回填，实行起垄栽培，果树定植后利用作物秸秆进行行内覆盖，避免使用地膜或地布覆盖。

参考文献

韩明玉 . 当前我国苹果产业发展面临的重大问题和对策措施 [J]. 中国果业信息，2016，33（12）：7–8.

于毅 . 安全优质果品的生产与加工 [M]. 北京：中国农业出版社，2011.

于毅 . 苹果病虫草害防治手册 [M]. 北京：金盾出版社，2014.

陈汉杰，张金勇，等 . 果园间作不同绿肥春季增殖害虫天敌的调查 [J]. 果树学报，2005，22（4）：419–421.

王春良，李丙智 . 图说苹果郁闭园改造技术 [M]. 北京：金盾出版社，2014.

王春良 . 图说苹果幼书修剪技术 [M]. 北京：金盾出版社，2016.

涂洪涛，张金勇，罗进仓，等 . 苹果蠹蛾性信息素缓释剂的控害效果 [J]. 应用昆虫学报，2012，49（1）：109–113.

李晓龙，贾永华，等 . 性信息素迷向丝对不同果树梨小食心虫的防控效果 [J]. 植物保护，2019，45（1）：212–215.

李晓龙，贾永华，等 . 复合式膏体迷向剂对梨小、桃小食心虫的防控效果 [J]. 植物保护 2013，39（6）：147–152.

李晓龙，贾永华，等 . 膏体迷向剂对苹果园梨小、桃小食心虫的防效 [J]. 植物保护，2015，41（4）：208–211.

王树桐，王亚南，曹克强 . 近年我国重要苹果病害发生概况及研究进展 [J]. 植物保护，2018，44（5）：13–25.

刘伟，胡同乐，等 . 苹果树腐烂病斑季节扩展动态 [J]. 植物保护，

2015，41（2）：171–175.

孙广宇 . 营养失衡是我国苹果树腐烂病大流行的主要原因 [J]. 果农之友，2017（07）：37.

王江柱，仇贵生 . 苹果病虫害诊断与防治原色图鉴 [M]. 北京：化学工业出版社，2013.12.

王金友 . 苹果树腐烂病及其防治 [M]. 北京：金盾出版社，2007.

赵增锋，曹克强 . 苹果轮纹病害流行研究及防控 [J]. 北方园艺，2012（1）：127–129.

陈瑜 . 苹果轮纹病的发生特点及综合防治措施 [J]. 现代农业科技，2016（16）：118.

马亚男，郭洁，等 . 苹果炭疽叶枯病研究进展 [J]. 山东农业科学，2018，50（5）：160–167.

谌有光，王春华 . 陕西果树昆虫图谱 [M]. 西安：陕西科学技术出版社，2017.

林进添，曾玲，陆永跃，等 . 橘小实蝇的生物学特性及防治研究进展 [J]. 仲恺农业技术学院学报，2004，17（1）：60–67.

王树桐，王亚南，曹克强 . 近年我国重要苹果病害发生概况及研究进展 [J]. 植物保护，2018，44（5）.

LI Xiaolong，et al. Mass trapping of apple leafminer，Phyllonorycter ringoniella with sexpheromone traps in apple orchards[J]. Journal of Asia–Pacific Entomology，2017（20）：43–46.

附录一　苹果树腐烂病防治技术规程

一、发病特征及发病规律

（一）发病特征

溃疡型：多发生在主干、主枝、剪锯口处，发病初期病部呈现红褐色水渍状凸起，组织松软，用手指按压微凹陷，可流出红褐色黏液，病皮组织腐朽成丝状，易于剥离，有酒糟味。发病后期，病部长出黑色小粒点即分生孢子器，在降水或潮湿条件下，黑色小粒点顶端长出橘黄色、卷须状的分生孢子角。

枝枯型：多发生于4~5年生以下的小枝和剪口、果台、新梢处，在衰弱树上发生明显。病部呈红褐色，水渍状，不变软，无酒糟味，形状不规则，无明显边缘，病部扩展迅速，全枝很快失水干枯死亡。

（二）发病规律

病菌以菌丝体、分生孢子器、分生孢子角及子囊壳在病树组织内越冬，病菌主要靠雨水传播，昆虫也是传播媒介之一。腐烂病菌是一种弱寄生菌，主要从伤口侵入，也能从叶痕、皮孔、果台和果柄痕侵入，具有潜伏侵染的特点。

苹果树腐烂病有2个发病高峰：3~4月份，苹果树发芽前后出现第1个高峰期，称为“春季高峰”，也是全年危害最严重的时期。5月份以后苹果树进入生长期，病菌活动减弱，逐渐转入低潮。秋季出现第2个高峰期，称为“秋季高峰”。苹果树腐烂病发生轻重与果园栽培管理和树势强弱关系极大。凡是树体健壮营养好、负载合理、伤口少、无冻害的树，发病较轻；反之则重。同时，有研究表明：80%的腐烂病病斑均发生在剪锯口。

二、预防措施

（一）休眠期用药保护

1. 伤口涂药

3~4 月份对因修剪等造成的伤口以及上年的所有没有愈合的剪锯口、虫伤口，在修剪完成后及时涂药保护，适宜药剂如表 1 所示。

表 1　常用的剪锯口保护药剂

种类	配制（或使用）方法
3%腐植酸钠溶液	50 倍涂抹
5%菌清水剂	50 倍涂抹
树安康粉剂	50 倍涂抹
胶醋保护剂	米醋 0. 3kg+白色乳胶漆 1kg 混匀
液体接蜡	松香 3kg、动物油 1kg 一起加温搅匀，冷却后加入酒精 1kg、松节油 0. 5kg，在瓶子内密封
豆油铜剂	硫酸铜、熟石灰、豆油各 1kg，把硫酸铜、熟石灰研成粉状，加入沸熟的豆油充分搅拌、冷却
萘乙酸防萌剂	0. 15%萘乙酸涂抹
石灰盐保护剂	石灰 1kg+食盐 0. 25kg+水 1kg+0. 25kg 牛粪拌匀

2. 主干涂药

3~4 月份刮治完腐烂病斑后，选用 60%有机腐植酸钾 30 倍液涂刷主干，涂刷区域为距离地面 1m 内的树干表面。

2. 1　树干涂白防冻

于冬季土壤封冻前（11 月中下旬），对树干进行涂白处理，涂白区域为距离地面 1m 内的树干表面。涂白剂成分为：水 10kg，生石灰 3kg，硫磺粉 0. 5kg，食盐 0. 5kg，动植物油 0. 05kg。

2. 2　培养和强壮树

2. 2. 1　合理施肥

利用优质堆肥或生物有机肥来改善土壤肥力，提倡有机无机配合施用，依据土壤肥力条件和产量水平，适当调减氮磷化肥用量。在苹果采收后，采取条沟或穴施的方式迅速施用秋季基肥。早熟品种、土壤肥沃、树龄小、树势强的果园施优质农家有机肥 2~3m^3/667m^2；晚熟品种，土壤贫瘠、树龄大、树势弱的果园施有机肥 3~4m^3/667m^2。表 2 为按产施肥标准。

表 2　按产施肥标准

目标产量（kg/667m^2）	氮肥（N）（kg/667m^2）	磷肥（P）（kg/667m^2）	钾肥（K）（kg/667m^2）
≥4500	25~35	10~15	20~30
3500~4500	20~25	8~12	15~20
≤3500	15~20	6~10	15~20

2.2.2　控制产量，合理修剪，重刮树皮

严格按叶果比确定挂果量。中型果：15~20（叶）：1（果）；大型果：25（叶）：1（果）；于春季 3~4 月份开始修剪，修剪时配备两套工具，交替修剪并对修剪工具及时消毒。修剪时，使剪锯口平滑规整，剪下的树枝及时清理出园。结合修剪，用刮皮刀刮除主干上的翘皮直至裸露部分嫩皮为止，带出园外烧埋。

3. 治疗措施

3.1　树体用药

于当年 11 月中旬、翌年 3 月中旬前后分别对全园喷施 1 次化学药剂，药剂可选用 25%丙环唑乳油 600 倍液、45%施纳宁水剂 400 倍、1.5%噻霉酮水乳剂 500 倍液或树安康粉剂 200 倍液（选用药剂见表 3）。

表 3　苹果树腐烂病防治方法、防治时期及使用药剂

防治方法	防治时期	使用药剂
树干喷施（1~2 次）	休眠期（11 月至翌年 3 月）	3~5 波美度石硫合剂、80%的五氯酚钠 300 倍液、7.5%的 50~80 倍多菌灵、25%丙环唑或烯唑醇 500 倍、45%代森胺水剂 300 倍液、树安康制剂 200 倍

续表

防治方法	防治时期	使用药剂
病斑刮治后涂抹	全年	腐必清原液或5倍液、5%安索菌毒清50~100倍液、1%和2%的黄腐酸、腐植质酸钠100倍液、腐植酸铜（843康复剂）原液、11371抗生素（梧宁4素）原液、农用抗生素（S-921）10~20倍液、4%农抗120水剂50倍液、70%甲基硫菌灵30倍液、10波美度石硫合剂、菌清50倍液、甲硫·萘乙酸，树安康制剂50倍、25%丙环挫乳油600倍、45%施纳宁水剂400倍、1.5%噻霉酮水乳剂500倍。

3.2　病斑刮治

无论任何季节，只要见到病斑就要进行刮治，越早越好；刮治时，将树体主要发病部位（主干和主枝）坏死点及树皮外层刮去，直至露出病皮周围2cm新鲜组织为止；刮治时应特别注意刮除粗翘皮边缘和下面潜藏的不易被发现的小病块。刮治完成后，对刮治处上药保护（选用药剂见表3）。对刮下的粗翘皮及病皮组织随时收集干净并烧埋。

3.3　桥接

选择春季4~5月份树皮容易剥开时进行，其他时间只要离皮，随时都可进行。选择充实、健康、无分枝的1~2年生营养枝，可结合修剪选取贮存，也可随用随取，枝条的长度根据病疤的大小决定。先在病斑下部距病斑下缘5cm左右处，用利刀刻一“T”形切口，长3cm左右，深达木质部，将切口皮层掀开。再在病疤的上部距上边缘5cm处刻一同样大小的切口。将接条截至所需长度，在接穗的两端同一平面上，用利刀削成马耳形削面，削面要光滑平整，长度与砧木“T”切口相同。削好接穗后插入砧木的切口内，使插条和枝干的形成层紧贴在一起。插好后用小钉将接穗中央与砧木结合部位钉紧，涂保护剂。

注：该规程已申请获批为地方标准，标准号DB 64/T 905—2013，主要完成人有王春良、李晓龙、贯永华、李秋波等。

附录二　梨小食心虫防治技术规程

一、形态特征

梨小食心虫（*Grapholitha molesta* Busck），又名梨小蛀果蛾、东方果蠹蛾，简称梨小，属鳞翅目卷蛾科，是近年来果树病虫害防治的主要防治对象。

梨小食心虫成虫体长 5~7mm，翅展 11~14mm，暗褐或灰黑色。下唇须灰褐上翘。触角丝状。前翅灰黑，前缘有 10 组白色短斜纹，中央近外缘 1/3 处有一明显白点，翅面散生灰白色鳞片，后缘有一些条纹，近外缘约有 10 个小黑斑。后翅浅茶褐色，两翅合拢，外缘合成钝角。足灰褐色，各足跗节末端灰白色。卵扁椭圆形，半透明，中央隆起，直径 0.5~0.8mm，表面有皱折，初乳白，后淡黄，孵化前变黑褐色。幼虫体长 10~13mm，淡红至桃红色，腹部橙黄，头黄褐色，前胸盾浅黄褐色，臀板浅褐色。胸、腹部淡红色或粉色。臀栉 4~7 齿，齿深褐色。腹足趾钩单序环 30~40 个，臀足趾钩 20~30 个。前胸气门前片上有 3 根刚毛。蛹体长 6~7mm，长纺锤形，黄褐色，腹部第 3~7 背面各有 2 行短刺，腹部末端有钩状刺毛 8 根，茧白色纺锤形。

二、发病规律与危害特征

北方地区梨小食心虫 1 年发生 3~4 代，7 天平均气温达到 5℃时，越冬代幼虫开始化蛹，蛹期 15 天，成虫发生高峰期在 4 月 15 日至 5 月 10 日；第 1 代成虫发生期在 5 月中下旬，成虫发生高峰期在 5 月 25 日至 6 月 10 日；第 2 代成虫 7 月中旬初见，7 月下旬为蛀果高峰；第 3 代成虫发生在 8 月下旬至 9 月上旬，9 月中旬末绝迹。8 月上中旬后，老熟幼虫开始陆续脱果越冬，一直持续到采收。以老熟幼虫在树干主枝根茎等部位的翘皮、粗皮、缝隙内、落叶或树干基部周围表土层中结茧越冬，尤以主枝基部和主干的粗皮裂缝内越冬数量较多。

幼虫危害果多从萼、梗洼处蛀入，早期被害果蛀孔外有虫粪排出，晚期被害多无虫粪。幼虫蛀入直达果心，高湿情况下蛀孔周围常变黑腐烂渐扩大，俗称“黑膏药”。苹果蛀孔周围不变黑。李幼果被害易脱落，李果稍大受害不脱落，蛀食桃李杏多危害果核附近果肉。危害新梢时多从新梢顶端叶片的叶柄基部蛀入髓部，由上向下蛀至木质化处便转移，蛀孔流胶并有虫粪，被害嫩梢渐枯萎，俗称“折梢”。

三、预测预报

（一）成虫诱集法

利用性诱剂诱捕梨小食心虫成虫，在梨小食心虫越冬代成虫羽化后（3 月下旬至 4 月上旬），在果园中悬挂梨小食心虫诱捕器，每隔 7 天调查诱捕器上诱捕成虫数量，当诱捕到的成虫数量到达峰值后，立即喷药防治。

（二）卵果率调查

采取 5 点取样法，选择主栽品种 1~2 种，在果园中平均选取 5 个点，每点选取 2 株树，每株树在上部内膛和外部等不同方位调查 200 个果实，记载果实上的虫卵数，从 5 月上旬开始，每 2 天检查 1 次，当卵果率达到 0.5%~1%时开始喷药。

四、防治措施

（一）防治原则

按照“预防为主，综合防治”的植保方针，坚持“农业防治、物理防治为主，化学防治为辅”的无害化控制原则。

（二）农业防控

于 8~9 月份深翻果园土壤，破坏越冬场所，减少梨小食心虫土壤越冬基数。于 3~4 月份修剪树体，确保树冠通风透光，夏季及时疏除并联果、扎堆果，合理负载，增强树势。精细刮除树干及枝丫处的粗翘病皮，刮治时在果树下铺设塑料布，收集刮落的树皮，将其集中深埋或烧毁。结合修剪，剪除被害树梢端萎蔫而未枯的嫩梢和虫果，并及时捡拾落地虫果，将其带出园外集中深埋，秋冬时将果园枯枝、落叶、僵果、杂草等彻底清扫干净，集中烧毁。

（三）物理防控

每年4月之前在距果树根部1.5m地表范围内铺设地膜，防治越冬代幼虫出土上树。在4~10月每3hm^{2}果园范围内安装一盏太阳能杀虫灯，诱杀成虫，降低虫口密度。在8月上旬，在虫害较多的果园内，将树干上捆绑瓦楞纸诱虫带，诱集脱果越冬幼虫，翌年早春2月取下集中烧毁。

（四）生物防控

成虫发生期用糖醋液（红糖：醋：白酒：水=1：4：1：16）加少量敌百虫拌匀诱杀成虫，每20株树挂一诱集罐，挂于离地面1.5m的树枝上方诱杀。诱剂每隔4~5天加半量，10天换1次。

利用人工合成的迷向制剂（主要成分是性诱剂）涂抹或悬挂于于距离地面3.5m的树干及主枝上，每点涂抹1g迷向膏剂，阻断或延迟害虫交尾，减少下一代虫口数量。

在各代成虫产卵初期、盛期、末期各释放1次赤眼蜂，密度为30万头~45万头/hm^2，可有效控制该虫为害。

（五）化学防控

结合预测预报，于各代卵的发生高峰期和幼虫初孵期喷施防控药剂，喷施20%杀灭菊酯乳油2000倍液，或10%氯氰菊酯乳油1500倍液、或2.5%溴氰菊酯乳油2000~3000倍液，7天后再喷1次，可取得良好的防治效果。

注：该规程已申请获批成为地方标准，标准号DB 64/T 903—2013，主要完成人有王春良、贯永华、黄莉、李晓龙、李秋波等。

附录三　桃小食心虫防治技术规程

一、形态特征

桃小食心虫（*Carposina sasakii* Matsmura），又名桃蛀果蛾，简称桃小，属昆虫纲鳞翅目（Lepidoptera）果蛀蛾科（Carposinidae）。是近年来主要的果树病虫害防治对象。

桃小食心虫成虫灰褐色，雌蛾体长 7~8mm，翅展 16~18mm；雄蛾体长 5~6mm，翅展 13~15mm；头部灰褐色，复眼深褐色至红褐色。胸部背面灰褐色。前足胫节内侧近中部处具一叶状距，中、后足胫节端部及后足胫节中部各具 1 对距，前翅灰白色或浅灰褐色，中央近前缘有一蓝黑色近似倒三角形的大斑。卵扁椭圆形，质地紧密，长约 0.45mm，短径约 0.34mm，深红色，卵壳表面密生不规则略呈椭圆形刻纹。成龄幼虫体长 13~16mm，头褐色，前胸背板暗褐色，体背及其余部分桃红色，无臀栉。冬茧：扁圆形，长径 4.5~6.5mm，厚 2.0mm，由幼虫吐丝缀混土粒做成，质地紧密。夏茧：长径 7~10mm，宽 3~5mm。纺锤形，质地疏松，一端留有羽化孔。蛹体长 6.5~8.6mm，刚化蛹黄白色，近羽化时灰黑色，翅、足和触角端部游离，蛹壁光滑无刺。

二、发病规律与危害特征

桃小食心虫 1 年发生 1~2 代，以老熟幼虫主要在土内作“越冬茧”过冬，部分未脱果的老熟幼虫在堆果场和果库中越冬。越冬幼虫于第 2 年 6 月上旬至 7 月上中旬破“越冬茧”出土，出土期持续 2 个月或更长。出土后的幼虫在树干基部附近的土壤中、石块下、草根旁或其他隐蔽场所作“化蛹茧”化蛹。一般前蛹期1~3天，蛹期13天左右。越冬代成虫一般在5月下旬至6月中旬陆续发生，一直延续到7月中下旬或8月初才结束。产卵前期1~3天，卵期为7~10天，大多数为8天。

桃小食心虫幼虫只为害果实，被害果果面有针尖大小蛀入孔，孔外溢出泪珠状汁液，干涸呈白色蜡状物，这是识别该虫危害的主要特征。幼虫在果内串食，虫道弯曲纵横，并留有大量虫粪。果实前期受害，发育成凸凹的畸形果，俗称猴头果；后期受害，果形变化不大。虫果上大多有幼虫脱出虫孔，孔外有时附着虫粪。

三、预测预报

（一）成虫诱集法

利用性诱剂诱捕桃小食心虫成虫，在桃小食心虫越冬代成虫羽化后（5月下旬至7月上旬），在果园中悬挂桃小食心虫诱捕器，每隔7天调查诱捕器上诱捕成虫数量，当诱捕到的成虫数量到达峰值后，立即喷药防治。

（二）卵果率调查

采取5点取样法，选择主栽品种1~2种，在果园中平均选取5个点，每点选取2株树，每株树在上部内膛和外部等不同方位调查200个果实，记载果实上的虫卵数，从5月上旬开始，每2天检查1次，当卵果率达到0.5%~1%时开始喷药。

四、防治措施

（一）防治原则

按照“预防为主，综合防治”的植保方针，坚持“农业防治、物理防治为主，化学防治为辅”的无害化控制原则。

（二）农业防控

于8~9月深翻果园土壤，破坏越冬场所，减少桃小食心虫土壤越冬基数。于3~4月份修剪树体，确保树冠通风透光，夏季及时疏除并联果、扎堆果，合理负载，增强树势。精细刮除树干及枝丫处的粗翘病皮，刮治时在果树下铺设塑料布，收集刮落的树皮，将其集中深埋或烧毁。结合修剪，剪除被害树梢端萎蔫而未枯的嫩梢和虫果，并及时捡拾落地虫果，将其带出园外集中深埋，秋冬时将果园枯枝、落叶、僵果、杂草等彻底清扫干净，集中烧毁。

（三）物理防控

每年6月之前在距果树根部1.5m地表范围内铺设地膜，防治越冬代幼虫出土上树。在4~10月每3hm^{2}果园范围内安装一盏太阳能杀虫灯，诱杀成虫，降低虫口密度。在8月上旬，在虫害较多的果园内，将树干上捆绑瓦楞纸诱虫带，诱集脱果越冬幼虫，翌年早春2月取下集中烧毁。

（四）生物防控

成虫发生期用糖醋液（红糖：醋：白酒：水=1：4：1：16）加少量敌百虫拌匀诱杀成虫，每20株树挂一诱集罐，挂于离地面1.5m的树枝上方诱杀。诱剂每隔4~5天加半量，10天换1次。

利用人工合成的迷向制剂（主要成分是性诱剂）涂抹或悬挂于于距离地面3.5m的树干及主枝上，每点涂抹1g迷向膏剂，阻断或延迟害虫交尾，减少下一代虫口数量。

在各代成虫产卵初期、盛期、末期各释放1次赤眼蜂，密度为30万头~45万头/hm^2，可有效控制该虫为害。

（五）化学防控

结合预测预报，于各代卵的发生高峰期和幼虫初孵期喷施防控药剂，喷施20%杀灭菊酯乳油2000倍液，或10%氯氰菊酯乳油1500倍液、或2.5%溴氰菊酯乳油2000~3000倍液，7天后再喷1次，可取得良好的防治效果。

注：该规程已申请获批成为地方标准，标准号DB 64/T 906—2013，主要完成人有王春良、李秋波、黄莉、窦云萍、李晓龙等。

附录四　复合式膏体迷向剂对梨小、桃小食心虫的防控效果研究

研究摘要：本试验研究了复合式膏体迷向剂对梨小、桃小食心虫防控效果。试验设 3 个处理（涂抹高度 2m 与 3.5m 以及常规药剂防治），1 次重复，通过监测全年诱蛾量、调查果实膨大期与成熟期蛀果率来分析防控效果。结果显示，复合式膏体迷向剂有效控制了梨小食心虫的危害，涂抹高度 3.5m 时，梨小食心虫诱蛾数下降 94.8%，涂抹高度 2m 时，下降 84.6%，两处理区成熟期蛀果率分别下降 86.5%和 63.9%。由于试验区桃小食心虫种群密度较小，本次试验尚无法确定该迷向剂对桃小食心虫的防治效果。

一、引言

梨小食心虫（*Grapholitha molesta* Busck）属鳞翅目（Lepidoptera）卷蛾科（Tortricidae），又名梨小蛀果蛾、东方果蠹蛾，简称梨小。梨小食心虫主要以幼虫危害梨、苹果等果实，是近年来果树病虫害防治的主要对象。桃小食心虫（*Carposina sasakii* Matsumura）属于鳞翅目（Lepidoptera）蛀果蛾科（Carposinidae），又名桃蛀果蛾，简称桃小，广泛分布于我国北方各产区，是苹果、枣等果树的主要害虫。

目前，梨小食心虫及桃小食心虫的防治主要以传统防治方法为主，导致害虫抗药性增加，防效逐年降低，探索有效的梨小、桃小生物防治手段势在必行。

昆虫通常依赖释放性信息素来实现其信息交流，达到种属生殖隔

离的目的。迷向防治技术是指通过使用高浓度的性信息素进行弥散干扰，阻断和延迟害虫交配从而达到防治的目的，该技术具有较强的物种专一性，可结合其他方法综合防治。利用信息素防治害虫的防控方式主要有迷向法和大量诱捕等，目前，国外主要应用的性诱剂迷向技术包括迷向丝技术、微胶囊技术、蜡滴技术。在国内，何超利用3种性诱剂对梨小食心虫进行了防治试验，表明迷向丝和中捷性诱芯可应用于梨小的防治工作。张国辉选用澳大利亚BioGlobal公司的迷向丝和中国科学院动物研究所的迷向诱芯进行了迷向防治试验，表明迷向丝和迷向诱芯对梨小均有明显的防治效果。涂洪涛利用梨小信息素迷向丝进行桃园梨小防治试验，明确了信息素缓释剂防治梨小食心虫的持效期及合理使用密度；孙钦航利用性信息素诱捕器进行桃小发生量预测预报试验，表明桃小食心虫发生期和发生量之间有明显的相关性。

梨小及桃小迷向研究日益受到学者的关注与重视，然而，前人的研究都是基于对单一对象的研究，而实际生产中，却存在梨小、桃小食心虫混合发生的情况，针对此问题，本研究在总结前人研究成果的基础上，采用中国农业科学院郑州果树研究所提供的复合式膏体迷向性诱剂对试验区域进行涂抹处理，利用梨小、桃小食心虫诱捕器监测迷向效果，以期通过复合式膏体迷向措施达到梨小、桃小综合防治目的，探索有效的生物防治新途径。

二、材料和方法

（一）材料

梨小食心虫、桃小食心虫迷向膏剂：中国农业科学院郑州果树研究所提供。复合迷向膏剂的成分包括桃小食心虫和梨小食心虫性信息素，桃小迷向剂主要成分为：顺式二十碳-7-烯-11-酮（A）和顺式十九碳-7-烯-11-酮（B）；梨小迷向剂主要成分包括：顺式十二碳-8-烯-醋酸酯（A）和反式十二碳-8-烯-醋酸酯（B），迷向剂总含量为30%。

梨小食心虫、桃小食心虫性诱剂监测诱捕器：由中国农业科学院郑州果树研究所提供，韩国绿色农业科技有限公司生产。诱捕器规格：三角诱捕器，长×宽×高=27cm×20cm×12cm；材质：PP 材质。

梨小食心虫、桃小食心虫性诱芯：由中国农业科学院郑州果树研究所提供，韩国绿色农业科技有限公司生产；诱芯规格：橡胶诱芯；成分：梨小、桃小性信息素。

（二）试验设计

1. 试验区及试验处理信息

选定于宁夏银川市河东生态园艺示范中心。试验对象为苹果园，树龄 22 年，树高 3. 5~4m，株行距 3m×4m。试验设置两个处理（处理区 A、B），一个对照区，处理区面积各为 2. 67hm^2，对照区面积为 3hm^2，为使试验结果准确可信，处理区及对照区全年用药品种及次数达到统一。处理区与对照区中间设立隔离带，隔离带宽度 100m。为最大程度避免外界环境对试验的干扰（风向、雨水等），处理区及对照区划定涂抹区域与核心监测区域。核心监测区域位于各处理区及对照区的中心地带，面积较小，所受外界环境影响小，可准确评价试验效果。

2. 梨小食心虫+桃小食心虫迷向膏剂涂抹

处理区 A：迷向膏剂涂抹高度为距离地面树干（或侧枝）3. 5m；处理区 B：迷向膏剂涂抹高度为距离地面树干（或侧枝）2m；对照区：不涂抹膏体迷向剂。

涂抹方法：于 2012 年 4 月 20 日对处理区 A 进行梨小食心虫+桃小食心虫迷向膏剂涂抹工作，涂抹时，用膏剂称量勺挖取 1g 迷向膏剂，将其移至涂抹杆顶段部位，利用涂抹杆将膏剂涂抹于距离地面 3. 5m 树干上，选定涂抹株每株涂抹 4 个点（每点 1g 膏剂），一个涂抹点位于果树主干上，另外 3 个涂抹点分别位于与之高度平行的 3 个主枝上，涂抹时，增加处理区边缘 3 行剂量，在处理 A 区边缘涂抹时加倍密度（每棵树都涂抹），中心部位减半涂抹（隔树涂抹）。

处理B区涂抹高度为距离地面2m，涂抹方法与处理A区相同。

由于此种复合迷向膏剂散发期为3个月，故在7月10日再涂抹一次，涂抹方法及部位与前一次相同。

3. 性信息素诱捕器悬挂

于4月21日选择处理区（A，B）及对照区核心区域悬挂梨小监测诱捕器，每区2个，分别悬挂于距离地面2m及3.5m树干处，共悬挂6个梨小诱捕器。

于6月30日悬挂桃小诱捕器，数量及方法与梨小相同。

诱捕器设置及使用的具体方法：将诱捕器折叠成三角形状后，在其顶部用铁丝穿过预留孔洞固定。使用时，将性诱芯固定于三角诱捕器内部的铁丝上，通过顶部铁丝将诱捕器悬挂于树干特定高度。悬挂时，选择与地面平行的枝干悬挂，避免因诱捕器悬挂倾斜导致雨水进入诱捕器底部粘虫板，影响诱捕效果。依照试验设计定时监测诱捕器中粘虫数量，当粘虫数过多影响诱捕效果时，更换粘虫板。同时，为保证诱捕效果，性诱芯每2月更换1次。

（三）防治效果评价方法

1. 诱蛾量调查

从4月25日开始，每7天调查1次诱捕器中诱蛾量，统计、分析处理区及对照区总诱蛾量差异，诱蛾量全年增减趋势，诱蛾下降率（迷向率），分析处理区涂抹高度对食心虫防治效果的影响。

按以下公式计算诱蛾下降率（迷向率）：

$$诱蛾下降率（\%）=\frac{对照区诱蛾量-处理区诱蛾量}{对照区诱蛾量}\times100$$

为尽可能去除人为操作、边缘效应及天气状况（风向、雨水）对试验结果的影响，本试验的诱蛾量调查均在各区域的核心区域进行，因核心区域隔离性较好，面积较小，每个区域进行1次重复便可有效评价各区域的差异性，故在试验过程中未设置过多的重复处理。

2. 蛀果率调查

7 月 15 日果实膨大期，对果实进行蛀果率调查，每个处理调查 1000 个果实，统计蛀果减退率。分析防效。

9 月 28 日果实成熟期，对果实进行蛀果率调查，每个处理调查 1600 个果实，统计蛀果减退率，分析防效。

按以下公式计算蛀果下降率：

$$蛀果减退率（\%）=（\frac{对照区蛀果率-处理区蛀果率}{对照区蛀果率}）\times 100$$

三、结果与分析

（一）总诱蛾量调查分析

表 1 为处理区与对照区梨小、桃小成虫全年总诱捕量统计表，梨小成虫全年诱捕量明显高于桃小诱捕量，这表明试验区主要以梨小为害为主。对照区梨小全年诱捕量为 4180 头，明显高于处理区 A（216 头）与处理区 B（603 头）；对照区桃小诱捕量为 7 头，两处理区均无桃小出现。由于处理区与对照区全年用药次数、种类，时间相同，故可认为，复合式迷向剂对梨小成虫产生了显著的控制作用，处理区 A 的诱蛾下降率为 94. 8%，处理区 B 的诱蛾下降率为 85. 6%。

表 1　不同处理区全年总诱捕量统计表

	梨小食心虫				桃小食心虫			
	悬挂高度 2m 诱蛾量（头）	悬挂高度 3. 5m 诱蛾量（头）	总诱蛾量（头）	诱蛾下降率（%）	悬挂高度 2m 诱蛾量（头）	悬挂高度 3. 5m 诱蛾量（头）	总诱蛾量（头）	诱蛾下降率（%）
处理 A	6	210	216	94. 8	0	0	0	0
处理 B	90	513	603	85. 6	0	0	0	0
对照	1547	2633	4180	—	6	1	7	—

表 1 进一步显示，悬挂高度 2m 处诱捕器诱虫（梨小）量均低于 3.5m 处诱捕器诱虫（梨小）量。这表明，梨小成虫的活动区域多在树冠上部（3.5m）。同时，处理区 A 的诱虫总量低于处理区 B。这表明，膏体迷向剂涂抹高度对梨小食心虫成虫的防控效果会产生影响，选择距离地面 3.5m 树干处涂抹效果较好。

（二）全年诱蛾迷向率调查

图 1 反映了 7 天累计诱捕梨小的各处理区迷向率（悬挂高度 2m），图中显示，全年内，除 8 月初一次调查外，处理区 A 的迷向率均高于处理区 B。

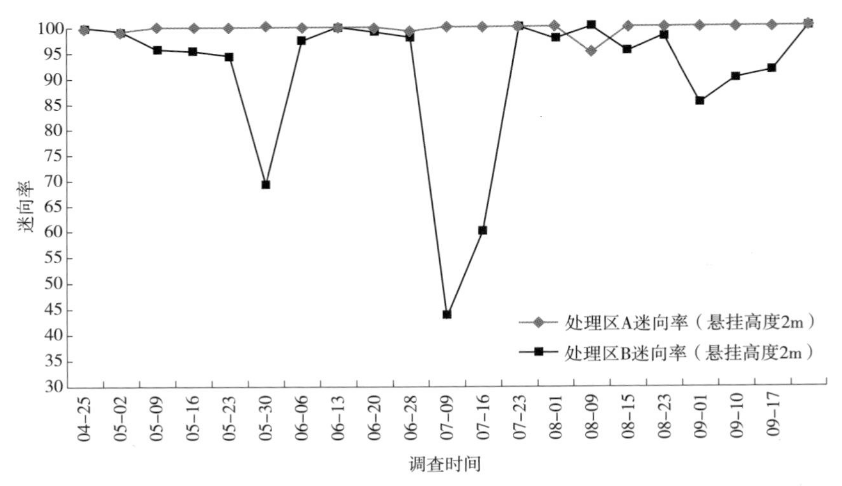

图 1　7 天累计诱捕所反映的各处理区迷向率（诱捕器悬挂高度 2m）

图 2 反映了 7 天累计诱捕梨小的各处理区迷向率（悬挂高度 3.5m），图中显示，全年内，处理区 A 的迷向率均高于处理区 B，在梨小食心虫羽化高峰期（6~7 月），两处理区均发生了迷向率降低的情况。

表 1 及图 1、图 2 可总结得出，处理 A、B 的试验措施能有效控制梨小成虫发生，处理 A 迷向率及全年迷向稳定性均优于处理 B，将复合膏体迷向剂涂抹于距地面 3.5m 树干处防控效果最好。

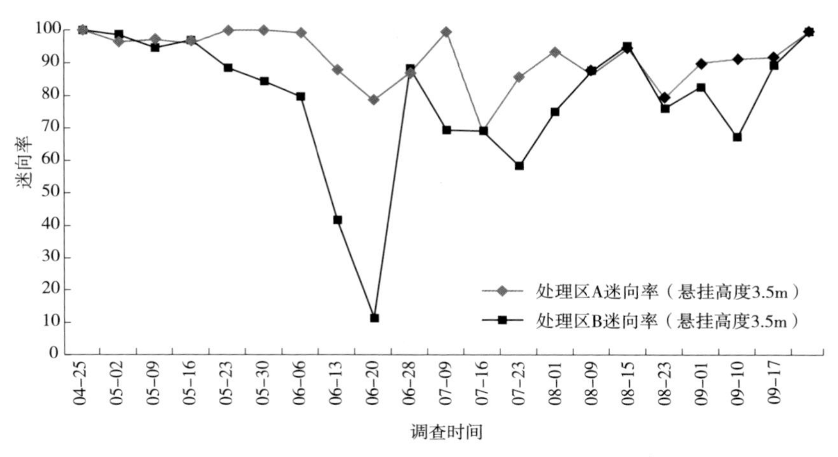

图 2　7 天累计诱捕所反映的各处理区迷向率（诱捕器悬挂高度 3.5m）

（三）蛀果率调查

1. 果实膨大期蛀果率调查

表 2 为对照区及示范区果实桃小、梨小总蛀果率调查表，对照区蛀果率为 5.4%，明显高于处理 A 及处理 B。

表 2　果实膨大期蛀果率调查

	调查总果数（个）	虫果数（个）	蛀果率（%）	蛀果下降率（%）
处理 A	1000	6	0.6	89
处理 B	1000	11	1.1	79.6
对照	1000	54	5.4	—

2. 果实成熟期蛀果率调查

表 3 为果实成熟期蛀果率调查表，从与表 2 比较来看，各区蛀果率均有所增加。横向比较发现，对照区梨小蛀果率明显高于两处理区，处理区 A 梨小蛀果率最低。从对桃小食心虫蛀果率调查来看，各区并无明显差异性，且桃小食心虫为害较少，无法判定膏体迷向剂对桃小的防控效果。

表 3　果实成熟期蛀果率调查表

	梨小食心虫				桃小食心虫			
	总果数（个）	虫果数（个）	蛀果率（%）	蛀果下降率（%）	总果数（个）	虫果数（个）	蛀果率（%）	蛀果下降率（%）
处理 A	1600	21	1. 30	86. 5	1600	7	0. 4	30
处理 B	1600	56	3. 5	64	1600	4	0. 25	60
对照	1600	155	9. 69	—	1600	10	0. 63	—

3. 梨小食心虫果实蛀果率与成虫捕获数量的相关性分析

表 4 为梨小食心虫捕获数量及蛀果率简表，利用 SAS 统计软件对果实膨大期诱捕总量与膨大期蛀果率，成熟期捕获总量与成熟期蛀果率进行相关性分析。统计结果如表 5 所示。在果实膨大期，梨小食心虫捕获总量与膨大期蛀果率呈明显相关性（R=0. 99），P 值=0. 0053<0. 05；在果实成熟期，虽然成熟期捕获总量与蛀果率间的相关系数较高，然而其 P 值=0. 1249>0. 05，不能认为该两种变量存在明显相关性。在全年调查方法相同，统计方法相同的背景下，我们认为，两个时期的成虫捕获量与蛀果率相关性的差异性来源于外部因素的干涉，果实成熟期较多的外部干涉因素导致了其相关性的下降。

由于果园环境因素复杂，利用两种变量的相关性分析无法准确判定其相互关系，但是，此种分析仍可作为衡量果实蛀果率与梨小食心虫成虫数量间相互关系的最直接方法。

表 4　梨小食心虫捕获数量及蛀果率总表

调查项目	膨大期捕获总量（头）	果实膨大期蛀果率（%）	成熟期捕获总量（头）	果实成熟期蛀果率（%）
处理 A	113	0. 6	97	1. 3
处理 B	427	1. 1	176	3. 5
对照	2895	5. 4	1285	9. 7

表 5 梨小食心虫果实蛀果率与捕获数量的相关性分析

	膨大期	成熟期
相关系数	0.99	0.98
P 值	0.0053	0.1249

三、结论与讨论

通过对全年诱蛾量及蛀果率调查后发现，采用复合式梨小、桃小膏体迷向剂涂抹树干，可有效防治梨小食心虫成虫及幼虫全年危害，处理 A（迷向剂涂抹高度 3.5m）的防控效果最佳。

本次采用的迷向剂类型为桃小、梨小复合式膏体迷向剂，但在试验过程中，由于试验区域桃小食心虫诱捕量较少，蛀果率差异性不显著，故不能确定该迷向剂对桃小食心虫的防效。然而，本试验已初步证明：膏体迷向法可以有效控制梨小食心虫对苹果果实的危害，加之近年来迷向法在防治苹果蠹蛾以及桃小食心虫防治方面的应用，复合式膏体迷向剂对桃小食心虫的防治也会具有明显效果，下一步延续试验将对这一推断进行证明。

今后利用复合式膏体迷向剂防控梨小、桃小食心虫的最佳方式为：于梨小食心虫越冬代出土之前对应用果园进行复合式迷向剂涂抹工作，涂抹时，每株苹果树涂抹 1 个点（每点涂抹 1g 迷向膏剂），取 1g 左右迷向膏剂涂抹于果树树冠处，涂抹时，增加处理区边缘 3 行剂量，在果树边缘涂抹时加倍密度（每棵树都涂抹），中心部位减半涂抹（隔树涂抹）。

复合式膏体迷向剂具有效果好，持效期长，简单易行等特点，有助于降低环境污染，增加天敌控制，比传统防治方法具有明显优势。该技术比起常用“迷向丝”等剂型来说，具有黏着性好、控制面积广泛等特点，且因其具有多重防控效果，对目标害虫具有复合性的控制作用，有利于混生害虫的防控。但本次试验中我们发现，其防效易受到外界环境的干扰，主要干扰因素为雨水与风向，雨水冲刷会导致膏体迷向剂黏着性降低，风向变化也会导致防控效果的不确定性，在后续试验中，将进一步调整试验区域，优化试验方案，升级所需技术，最大程度避免外界环境对试验的干扰，为该技术的大力推广打下良好基础。

注：本研究成果已于2013年发表于专业期刊《植物保护》2013，39（6）147-152；主要作者有：李晓龙，夏国宁，何建川，贯永华，陈汉杰，李锋，许泽华，刘晓丽，王春良。

附录五　膏体迷向剂对梨小、桃小食心虫防效的扩大性试验

研究摘要：2013 年继续进行了复合膏体迷向剂对梨小、桃小食心虫防效的进一步试验，试验设 3 个处理（涂抹高度 3.5m、3.5m 与 4.5m 交叉涂抹；交叉涂抹空白区域）、1 个对照，2 种膏剂附着方式（树干附着、膏剂填装塑料瓶挂）。

通过监测全年诱蛾量、调查果实膨大期与成熟期蛀果率分析防控效果。结果显示，复合式膏体迷向剂可有效防止梨小食心虫对果实的危害，涂抹高度 3.5m 时，梨小食心虫诱蛾量下降 76.68%；交叉涂抹时，下降 70.8%；交叉涂抹空白区下降 36.8%。3 个处理成熟期蛀果率分别下降 84.88%、91.39%、24.19%。由于试验区桃小食心虫种群密度小，试验无法确定该迷向剂对桃小食心虫的防治效果。

一、引言

梨小食心虫（*Grapholitha molesta* Busck）属鳞翅目（Lepidoptera）卷蛾科（Tortricidae），又名梨小蛀果蛾，简称梨小。桃小食心虫（*Carposina sasakii*）属鳞翅目（Lepidoptera）果蛀蛾科（Carposinidae），又名桃蛀果蛾。两种害虫寄主范围广，适应能力强，缺乏管理的果园经常暴发成灾，并混合发生，对梨树、苹果、枣树等北方主要果树造成严重的损失。

迷向防治是利用高浓度的性信息素弥散干扰，阻断并延迟害虫交

尾，减少下一代虫口数量。国内外已广泛开展性信息素技术研究，取得了良好成果。McDonough 等、Witzgall 等对性信息素迷向防治苹果蠹蛾进行了研究；张国辉、涂洪涛利用迷向丝技术对梨小食心虫进行防控试验，效果显著。冯崇川等引进日本性信息素迷向丝控制苹果害虫（桃小食心虫、卷叶蛾类、金纹细蛾），取得了较好成果。

2012 年，夏国宁等就复合式膏体迷向剂对梨小、桃小防控效果进行了初步研究，结果显示：采用复合式梨小、桃小膏体迷向剂涂抹树干，可有效防止梨小食心虫全年危害，涂抹高度 3.5m 时的防控效果最佳，诱蛾下降率及蛀果率均比对照有明显下降。2013 年，笔者对膏体迷向剂对梨小食心虫防效进行再次试验，同时研究了迷向剂涂抹高度、涂抹范围及方式对防控效果的影响。

二、材料与方法

（一）试验材料

中国农业科学院郑州果树研究所提供梨小、桃小食心虫迷向剂、性诱芯（橡胶诱芯）、监测诱捕器。

梨小迷向剂主要成分为顺式十二碳-8-烯醋酸酯（A）和反式十二碳-8-烯醋酸酯（B），桃小迷向剂主要成分为顺式二十碳-7-烯-11-酮（A）和顺式十九碳-7-烯-11-酮（B）；复合迷向剂总含量 30%。梨小、桃小复合膏体质量比为 1∶1。

诱捕器规格：采用韩国绿色农业科技有限公司生产的三角立体诱捕器，诱捕器长 27cm，宽 20cm，高度为 12cm；材质为 PP 材质。

（二）试验地点及规模

试验区位于宁夏银川市河东生态园艺示范中心。试验对象为 25 年生苹果园，树高 3.5～4.5m，株行距 3.5m×4m。试验区总面积达 33.5hm^2。试验开始前已对本区域梨小、桃小食心虫发生量进行了连续两年的调查统计，梨小诱捕器的平均年诱捕量为 2347 头/个，桃小诱捕器的平均年诱捕量为 10 头/个，试验区内各诱捕器年诱捕量的标准偏差小于5%。试验区全年栽培管理方式相同，用药由中心统一管理，处理区与对照区中间形成宽度100m的天然隔离带。

1. 处理与重复

试验设置3个处理区，一个对照区，两种膏剂附着方式。

处理区A：迷向膏剂涂抹于距离地面3.5m高的树干或侧枝上；涂抹面积13.4hm²。

处理区B：迷向膏剂涂抹于距离地面3.5m/4.5m处的树干或侧枝上（按行交替不同高度涂抹）；涂抹面积10.05hm²。

处理C：处理B区内设置的未涂抹迷向剂的空白区域；面积3.35hm²。

对照区：不涂抹膏体迷向剂；面积6.7hm²。

膏剂附着方式一为树体附着。3月28日，对处理区A、B涂抹迷向膏剂，涂抹时用称量勺挖取1g迷向剂，将其置于涂抹长杆顶端，并按照A、B区涂抹高度将其涂抹于树体上，每株平均涂抹4个位置，一个位于树体主干上，另外3个位置平均分布于与主干涂抹点平行的主枝上。每个处理区域边缘3行每株涂抹，中心部位隔树涂抹。

膏剂附着方式二为悬挂附着。7月2日，将膏剂置于特制带孔塑料瓶中，按照1g/瓶剂量将迷向剂置于瓶中，带孔塑料瓶为圆柱体，体积10cm³，瓶体密布直径2mm圆形小孔若干，悬挂时，取10号铁丝10cm，将其一段插入塑料瓶小孔固定，另一端弯曲成钩状，利用长杆将其悬挂于特定高度树干上，其悬挂部位、密度、高度与3月28日处理相同。

2. 监测诱捕器悬挂

按照各处理区域面积大小，于4月10日悬挂梨小食心虫监测诱捕器，6月20日悬挂桃小食心虫检测诱捕器。悬挂高度均设置为距离地面3m高树干上。

处理A区悬挂6个监测诱捕器；处理B区悬挂4个；处理C区悬挂3个；对照区悬挂3个。桃小诱捕器悬挂数量、位置与梨小相同。

诱捕器使用方法：将诱捕器折叠成立体三角形，将梨小诱芯置于诱捕器内部带孔塑料瓶中，在顶部用铁丝穿过预留孔洞固定，铁丝另一端悬挂于树上。

3. 防治效果评价方法

3.1 诱蛾量调查

4 月 3 日起，每 7 天调查一次诱蛾量，分析各区域诱蛾量差异、诱蛾量全年增减趋势、诱蛾下降率（迷向率）。

$$诱蛾下降率（\%）=\frac{对照区诱蛾量-处理区诱蛾量}{对照区诱蛾量}\times100。$$

3.2 蛀果率调查

在果实膨大期与成熟期分别进行蛀果率调查，统计蛀果减退率。

$$蛀果减退率（\%）=\left(\frac{对照区蛀果率-处理区蛀果率}{对照区蛀果率}\right)\times100。$$

三、结果与分析

（一）总诱蛾量

表 1 为处理区与对照区梨小食心虫、桃小食心虫成虫全年总诱捕量。对照区梨小成虫全年诱捕量 2708 头，明显高于处理区 A（631.43 头）与 B（790 头）；对照区桃小食心虫诱捕量为 8 头，处理区 A、B 各为 2 头。梨小食心虫成虫全年诱捕量明显高于桃小食心虫诱捕量，这说明试验区以梨小食心虫为害为主。复合式膏体迷向剂对梨小食心虫成虫产生了显著影响，处理区 A 的诱蛾下降率为 76.68%，处理区 B 诱蛾下降率为 70.8%，处理区 C 诱蛾下降率 36.8%。

相对于对照区，处理区桃小成虫诱捕数量也有所减少，但由于诱捕基数较低，故不能从总蛾量调查方面确定复合膏体迷向剂对桃小成虫的作用。在处理 C 区，梨小、桃小成虫的总诱蛾量均高于处理区 A、B，低于对照区。这表明，在周边普遍涂抹迷向剂的情况下，涂抹空白区域的成虫发生量会有所减轻，但迷向效果不明显。

表 1　不同处理区全年总诱捕量统计表

试验区	梨小食心虫		桃小食心虫	
	总诱蛾量（头）	诱蛾下降率（%）	总诱蛾量（头）	诱蛾下降率（%）
处理 A	631.43	76.68	2	75
处理 B	790	70.8	2	75
处理 C	1711	36.8	3	62.5
对照区	2708	—	8	—

（二）全年诱蛾迷向率调查

图 1 反映了 7 天累计诱捕梨小食心虫后各处理区的迷向率，涂抹初期，处理 A 及处理 B 区迷向率较高，随着涂抹时间的延长，各处理区迷向率呈下降趋势，到 6 月底时，下降率已较明显。7 月 2 日补充涂抹后（变换涂抹方式），处理区 A、B 迷向率显著上升，至调查结束都维持在较高水平。

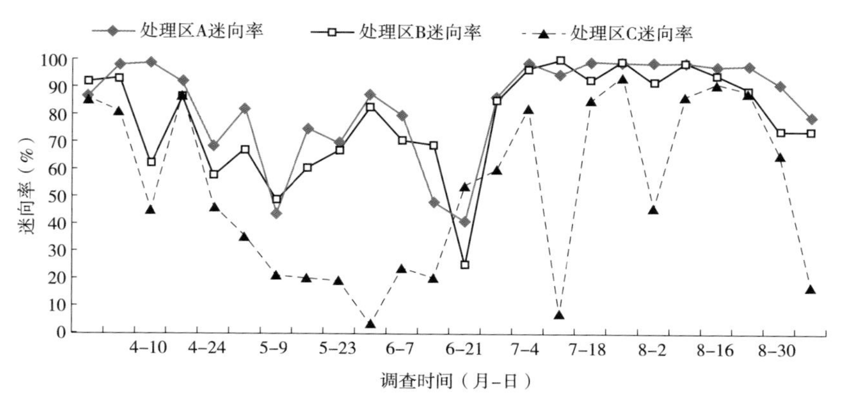

图 1　各处理区 7 天累计诱捕迷向率（2013）

（三）蛀果率调查

1. 果实膨大期蛀果率调查

表 2 为处理区与对照区果实膨大期蛀果率调查表，对照区蛀果率为 2.4%，明显高于处理区 A 及 B。蛀果下降率最高的为处理区 B（79.17%）。

表 2　果实膨大期蛀果率调查（2013 年金冠）

试验区	总果数（个）	虫果数	蛀果率（%）	蛀果下降率（%）
处理 A	1000	6	0.60	75
处理 B	1000	5	0.50	79.17
处理 C	1000	20	2.00	16.67
对照区	1000	24	2.40	—

2. 果实成熟期蛀果率调查

表 3 为果实成熟期梨小蛀果率调查结果，果实成熟期蛀果率高于膨大期，金冠果实蛀果率高于富士，处理 A 与处理 B 区果实蛀果率明显低于对照区与处理 C 区。处理 B 区金冠与富士的蛀果下降率最高，达到 90%以上。从对桃小食心虫蛀果率调查来看，各区并无明显差异，且桃小食心虫为害较少，无法判定膏体迷向剂对桃小食心虫的防治效果。

表 3　果实成熟期蛀果率调查结果（2013 年）

试验区	金冠			富士		
	总果数（个）	虫果数	蛀果下降率（%）	总果数	虫果数	蛀果下降率（%）
处理 A	1600	65	84.88	1600	17	1.06
处理 B	1600	37	91.39	1600	10	0.63
处理 C	1600	326	24.19	1600	70	4.38
对照区	1600	430	—	1600	288	18.00

四、结论与讨论

（一）结论

通过对各区域全年诱蛾量、蛀果率调查后发现，采用复合式梨小、桃小膏体迷向剂可有效防治梨小食心虫的为害，处理区 B（迷向剂

3.5m/4.5m 交叉涂抹）防控效果最佳，其诱蛾下降率及蛀果率均比对照有明显下降。由于试验区桃小食心虫种群密度小，试验无法确定该迷向剂对桃小食心虫的防治效果。

（二）讨论

表 4 为不同膏剂附着方式对迷向率的影响，采用树干直接附着时（4~6 月），其平均迷向率最高为 74.62%，采用悬挂塑料瓶附着时，其迷向率最高为 94.81%，采用悬挂附着的各处理区迷向率均高于前者。然而，由于食心虫全年种群密度会发生变化，且两种附着方式周期内的降水量也存在差别，单纯进行不同时期内不同附着方式优劣性的比较缺乏有效对比性，后续试验应在同一时期内对两种膏体附着方式的优劣性进行研究。

表 4　不同附着方式对迷向率的影响

附着方式	处理 A 迷向率（%）	处理 B 迷向率（%）	处理 C 迷向率（%）
树干附着	74.62	67.85	41.77
悬挂附着	94.81	90.65	65.84

经试验，今后利用复合式膏体迷向剂防治梨小食心虫的最佳防控方式为：于梨小食心虫越冬代出土之前对应用果园进行复合式迷向剂涂抹，涂抹时，取 1g 迷向剂置于带孔塑料小瓶中，并将小瓶悬挂于树干上，悬挂高度为距离地面 2/3 的树干上，或交叉高度悬挂，交叉悬挂时最低悬挂高度因高于距离地面 2/3 树干处。应注意的是：迷向剂涂抹时务必要全面，需注意果园死角，有混栽果园时，不论品种、树龄，应全部涂抹，防止因涂抹不到位导致空白区域虫害发生。

注：本研究成果已于 2014 年发表于专业期刊《植物保护》2015，41（4）：208-211；主要作者有：李晓龙，何建川，夏国宁，顾红燕，陈汉杰，贾永华，李锋，许泽华，刘晓丽，王春良。

附录六　性信息素迷向丝对不同果树梨小食心虫的防控效果

研究摘要：本试验开展了性信息素迷向丝（北京中捷四方生物科技公司生产长效迷向丝，有效成分占30%）对不同果树梨小食心虫的防控效果研究，试验选择栽植有成龄苹果树、梨树、李树共5.5hm^2，设置3个处理区，3个对照区，处理区在树干距离地面2m高度枝条上悬挂迷向丝，处理区边缘区域每棵树平均悬挂3个迷向丝，内部区域隔树悬挂，调查各品种全年诱蛾量、诱蛾减退率、蛀果率等指标，研究迷向丝对各品种果树梨小食心虫的防控效果，分析集中栽培不同种类果树区域梨小食心虫危害特点。研究结果显示：3个处理区的诱蛾下降率均达96%以上，果实膨大期蛀果下降率均达50%以上，成熟期蛀果下降率均达57%以上，说明性信息素迷向丝对集中栽培不同种类果树区域的梨小食心虫防控效果明显且稳定；不同种类果园梨小食心虫发生高峰期具有一致性；梨小食心虫成虫诱捕量最多的为梨园，说明其具有寄主选择性；而李园蛀果率明显高于其他品种，李果实成熟采摘后成虫诱捕量减少，同时期苹果园与梨园成虫诱捕量增加，说明梨小食心虫具有迁移为害特性。

一、引言

梨小食心虫（*Grapholitha molesta* Busck）属鳞翅目（Lepidoptera）卷蛾科（Tortricidae），又名梨小蛀果蛾，简称梨小。该害虫寄主范围广，适应能力强，对梨树、苹果树、枣树等北方主要果树为害严重。

迷向防治是利用高浓度的性信息素弥散干扰，阻断并延迟害虫交尾，从而减少下一代虫口数量。Witzgall 等对性信息素迷向防治苹果蠹蛾（*Cydia pomonella*）进行了研究；翟小伟等、魏玉红等也分别进行了信息素迷向防治苹果蠹蛾技术研究；张国辉等、涂洪涛等利用迷向丝技术对梨小进行防控试验，效果显著；孙钦航利用性信息素诱捕器进行了桃小食心虫预测预报试验，证明桃小食心虫（*Carposina sasakii* Matsumura）发生期和发生量存在明显相关性。

2012 年至今，笔者对性信息素法防控果树鳞翅目害虫进行了系列研究，2012 年发现，采用梨小、桃小食心虫复合式膏体迷向剂涂抹树干，最佳处理组的诱蛾下降率达到 94.8%。2013 年，笔者对膏体迷向剂对梨小食心虫防效进行了扩大性试验，确定了复合膏体迷向剂的最佳处理方式。2015 年，笔者对不同密度监测诱捕器对金纹细蛾［*Phyllonorycter ringoniella*（Matsumura）］的防控效果进行了研究，结果发现，在一定悬挂密度条件下，监测诱捕器可同时起到监测与防控作用。

二、材料与设计

（一）试验材料

北京中捷四方生物科技股份有限公司生产并提供梨小食心虫长效迷向丝（规格：长 11cm，宽 0.3cm，厚 0.2cm；材质：PVC 管状材质；包装：50 条/袋；有效期：18 个月；田间持效时间：180 天）、性诱芯（橡胶诱芯）、船形监测诱捕器。梨小食心虫迷向剂主要成分为：顺式十二碳-8-烯醋酸酯（A）和反式十二碳-8-烯醋酸酯（B），迷向剂总含量 30%。诱捕器组成：诱捕器上下盖，支撑悬挂架，粘胶片，诱芯悬挂架。

（二）试验地点及规模

试验区位于宁夏银川市河东生态园艺示范中心，海拔 1120m，年平均气温 10.1℃，年日照时数 2905.7h，年降水量 200mm，试验地地势平坦，砂质土壤。试验对象：15 年生苹果园，栽植品种有美国八号、嘎拉、富士，树高 4m 左右，株行距 3m×4m，试验面积 $2hm^2$，其中 $1.3hm^2$ 为试验区，$0.7hm^2$ 为空白对照区，果实套袋栽培，于采摘前 15 天左右摘袋。15 年生梨园，主栽‘大果水晶’，树高 3.5~4.5m，株行距 4m×2m，试验面积 $2hm^2$，其中 $1.3hm^2$ 为试验区，$0.7hm^2$ 为空白对照区，果实套袋栽培；15 年生李园，主栽‘尤萨’，树高 3~4m，株行距 2.5m×3m，试验面积 $1.5hm^2$，其中 $1hm^2$ 为试验区，$0.5hm^2$ 为空白对照区。果树品种布局：以处理组梨园为中心，北侧为苹果试验区，东侧为李试验区。梨园对照区位于处理组梨园南侧，中间设有硬化路面隔离，隔离宽度 20m，苹果园与李园对照区位于处理组梨园西侧，隔离带宽度 80m。

（三）试验设计

试验设置 3 个处理区，3 个对照区，一种投放方案。

处理方法：将迷向丝捆绑于主干距离地面 2/3 高度处主枝上的一或两年生枝条上，处理区边缘每棵树均匀绑缚 3 条迷向丝，果园内部按照行或列隔树绑缚 1 条迷向丝；苹果园处理面积 $1.3hm^2$，梨园处理面积 $1.3hm^2$，李园处理面积 $1hm^2$。

对照区：不绑缚迷向丝；3 个处理总面积 $1.9hm^2$。

整个试验及周边区域全年进行统一病虫害防控。

（四）监测诱捕器悬挂

于 2017 年 4 月 1 日悬挂梨小食心虫监测诱捕器，悬挂高度均设置为主干距离地面 2/3 高度树枝上。

处理 A 区、B 区、C 区各悬挂 3 个监测诱捕器，各品种的对照区各悬挂 3 个。将各处理区及对照区域内平均分设 3 个重复区，在每个重复区中心点悬挂诱捕器。

（五）防治效果评价方法

1. 诱蛾量调查

4 月 3 日起，每 8 天调查一次诱蛾量，分析各区域诱蛾量差异，诱蛾全年增减趋势，诱蛾下降率（迷向率）。

$$诱蛾下降率=\frac{对照区诱蛾量-处理区诱蛾量}{对照区诱蛾量}\times100\%。$$

2. 蛀果率调查

在果实膨大期与成熟期分别进行蛀果率调查，统计蛀果减退率。

$$蛀果减退率=\left(\frac{对照区蛀果率-处理区蛀果率}{对照区蛀果率}\right)\times100\%。$$

三、结果与分析

（一）总诱蛾量调查

表1为处理区与对照区梨小成虫全年总诱捕量统计表。3个处理区梨小成虫全年诱捕量明显低于对照区，诱蛾下降率达96%以上，说明性信息素迷向丝在混栽果园使用时效果显著。3个处理间比较，梨园全年成虫诱捕量最多，达到3366.47头/诱捕器，苹果园最少。

表1 不同处理区2017年全年总诱捕量

果园	每诱捕器诱蛾总量（头）		诱蛾下降率（%）
	处理区	对照区	
苹果园	12.33	1949.33	99.37
梨园	113.67	3366.33	96.62
李园	28.33	2730.67	98.96

（二）全年诱蛾迷向率调查

图1反映了8天累计诱捕梨小食心虫后各处理区的迷向率，整个周期内，苹果园与李园迷向率较高，说明长效迷向丝具有稳定的迷向作用，梨园迷向稳定性低于前两者，表现在4月初、5月中旬、6月中旬至7月中旬之间，但总体来看，其迷向率均高于80%，效果也较显著。图2为各对照区全年诱蛾趋势，图中可看出，各果园的梨小发生

高峰期存在一致性，第 1 次成虫高峰期发生于 4 月 19 日前后，第 2 次发生于 6 月 15 日前后，第 3 次发生于 7 月下旬，第 4 次发生于 9 月中旬。8 月上旬后，李园食心虫诱捕量明显减少并趋于稳定，而同时期苹果园与梨园食心虫有所增加，结合处理区迷向率分析，有可能是因为李果实成熟较早，采摘后本区域成虫开始向周边苹果园、梨园迁移，造成虫口数量减少。

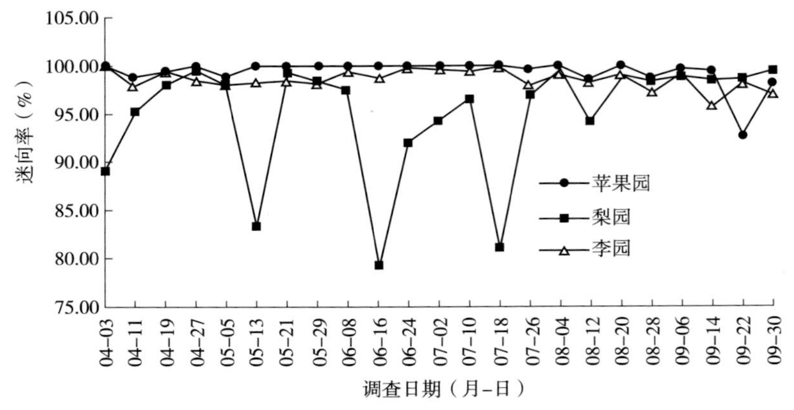

图 1　各处理区 8 天累计诱捕迷向率（2017）

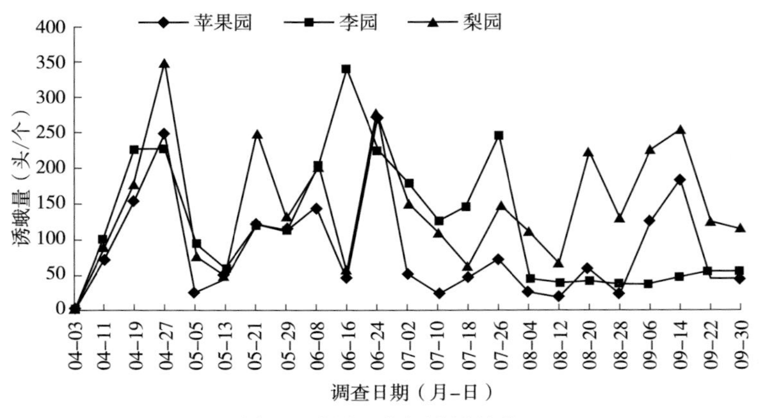

图 2　对照区全年诱蛾趋势

（三）蛀果率调查

表2与表3为处理组与对照组果实膨大期及成熟期蛀果率调查表，从调查时期比较来看，3种果实成熟期蛀果率高于膨大期，成熟期苹果园与梨园的蛀果下降率高于膨大期，而成熟期李园的蛀果下降率低于膨大期。与对照相比，各处理组果园的蛀果下降率高于50%，差异显著，说明迷向效果较好。种间比较来看，不论处理组与对照组，李园的虫果数明显高于苹果园与梨园，这可能有两个原因，一是苹果园与梨园均进行了套袋，阻止了梨小为害，二是因为李果实表皮较薄，较容易钻蛀为害，梨小对不同种类果园具有选择为害特性。

表2 果实膨大期蛀果率调查（2017）

试验区	总果数（个）	虫果数（个）	蛀果率（%）	蛀果下降率（%）
苹果园	1000	2	0.20	50
梨园	1000	5	0.50	64.3
李园	1000	35	3.50	61.54
对照区（苹果）	1000	4	0.40	—
对照区（梨）	1000	16	1.4	—
对照区（李）	1000	125	12.5	—

表3 果实成熟期蛀果率调查（2017）

试验区	总果数（个）	虫果数（个）	蛀果率（%）	蛀果下降率（%）
苹果园	1000	2	0.20	77.78
梨园	1000	20	2.00	74.36
李园	1000	98	9.80	57.76
对照区（苹果）	1000	9	0.90	—
对照区（梨）	1000	78	7.80	—
对照区（李）	1000	232	23.2	—

四、结论与讨论

性信息素迷向丝在集中种植不同种类果树（苹果、梨、李）的果园使用时，诱捕器诱蛾量明显减少，迷向效果持续时间长且稳定，迷向效果显著。3 个处理间比较，梨园全年成虫诱捕量最多，达到 3366.47 头/诱捕器，苹果园最少，说明梨小食心虫具有寄主选择性。梨小食心虫发生高峰期不会因栽培品种间的差异而产生明显变化，具有一致性。因各种果实成熟期不一致，从成虫诱捕迷向率及对照区成虫诱捕量分析发现，李果实成熟采摘后，本区域梨小食心虫发生量开始减少并趋于稳定，而同时期的梨园和苹果园成虫发生量具有上升趋势，这说明梨小食心虫具有迁移性。

不同种类果园中，处理组蛀果率均明显小于对照组，李果实蛀果率明显高于苹果与梨，究其原因，可能是苹果、梨的套袋措施阻碍了食心虫的为害，另外也可能与果园栽植密度、郁闭程度、果实本身特性有关。事实证明，性信息素迷向技术对果园食心虫的发生具有明显防控作用，是替代化学农药的一项可靠技术，如能够进一步降低生产成本，则有望进行大规模运用，在产生重要的社会与经济效益的同时，更具有良好的生态意义。

注：本研究成果已于 2014 年发表于专业期刊《植物保护》2019，45（1）：212-215；主要作者有：李晓龙，贯永华，窦云萍，刘晓丽，王春良，李锋。

附录七　三种鳞翅目害虫的种间竞争及对性信息素的生态位响应

研究摘要：本研究开展了三种食果鳞翅目害虫的种间竞争及对性信息素的生态位响应研究，寻找了三种昆虫在资源、空间中的生存对策，探明了其实现种群优势的原由。研究结果显示：三种鳞翅目害虫的时空生态位竞争力强弱依次为，梨小食心虫>苹果蠹蛾>桃小食心虫。从空间生态位重叠角度来看，梨小食心虫与苹果蠹蛾的空间生态位置重叠较多。从生态位相似性指数来看，梨小食心虫和苹果蠹蛾的生态位相似性较高。梨小、苹果蠹蛾的成虫种间竞争系数已达到0.98，其蛀果竞争系数也达0.96，说明两者之间对空间、营养存在激烈竞争性，同时，由于苹果蠹蛾的成虫种群数量要明显低于梨小，在生态位竞争系数相似的情况下，我们认为，苹果蠹蛾的个体对空间、营养的竞争能力要明显高于梨小食心虫，此点也恰好解释了前期应用研究中所发现的一些现象。

一、引言

前期大面积田间试验表明，性信息素的投放明显抑制了苹果主要鳞翅目害虫的种群数量，目标害虫对复合或专一性的性信息素表现了较高的响应特性。主要表现为：成虫种群数量明显减少，幼虫蛀果率明显降低。然而，在对试验数据总结分析后，新的、更深层次的问题与思考随之而来，例如，连续两年的试验调查均显示，在梨小、桃小混合发生区，梨小种群数量均会明显高于桃小，幼虫对果实的为害程度也远高于桃小。新近调查又发现，作为近年来已开始入侵引黄灌区的检疫性害虫——苹果蠹蛾，其表现了非常强势的种间竞争能力，主要表现为，原有梨小发生严重的果园，当有苹果蠹蛾入侵后，梨小的种群数量就会明显减少。以上迹象是否说明苹果园鳞翅目害虫在时间、空间和营养等资源利用上存在激烈竞争，其生态位存在重叠现象？又如，当进行复合式膏体迷向或专一性、多种类（2~3 种）迷向剂投放后，经常会出现监测诱捕器的“误捕”现象，即专一性监测诱捕器中诱捕到的却是非目标害虫，此现象的发生，除昆虫的“误打误撞”因素之外，是否还存在复合性信息素的增效或减效因素？混合式的性信息素投放是否对靶标害虫的生态位产生了影响？害虫是否针对该种影响采取了响应的生存对策？为了回答以上问题，透过现象揭示本质，即定开展三种食果鳞翅目害虫的种间竞争及对性信息素的生态位响应研究，寻找三种昆虫在资源、空间中的生存对策，探明其实现种群优势的原由，明确某种鳞翅目害虫能够建立种间生存竞争优势的机制，揭示三种鳞翅目害虫对性信息素的生态位响应机制。

二、材料与方法

（一）试验规模

试验对象为 7 年生苹果园，主栽品种为嘎拉、富士、金冠。树高 3~3.5m，株行距 1m×4m。试验区总面积 8hm^2。试验区全年用药由中心统一管理。

（二）试验设计

试验设置一个处理区，一个对照区。处理区与对照区面积各 4hm^2。

处理区：于 2018 年 3 月 28 日对该区树体悬挂梨小、苹果蠹蛾迷向丝。悬挂密度：边缘两行隔 3 棵树悬挂，剩余中间区域隔 5 棵树悬挂，悬挂高度均设置为距离地面 2m 主干上。于 2018 年 06 月 20 日对该区悬挂桃小食心虫迷向丝，悬挂密度、高度与前期相同。

对照区：不悬挂迷向丝。

监测诱捕器的悬挂：于2018年4月2日对各区分别悬挂梨小、苹果蠹蛾悬挂监测诱捕器。悬挂方式为：在同一区域、同一高度内果园中心区域分别悬挂梨小、苹果蠹蛾监测诱捕器，每种害虫、每个高度下悬挂5个。设置三个悬挂高度，分别为距离地面1m、2m、3m树干处。于2018年6月25日对各区开始悬挂桃小食心虫监测诱捕器，悬挂数量与悬挂高度与前期保持一致，同时确保不同害虫的监测诱捕器间隔距离多于10m。

（三）调查时间与调查方法

1. 三种鳞翅目害虫成虫数量调查

从4月25日开始，每7天调查一次不同区域、不同高度下梨小、苹果蠹蛾监测诱捕器所捕成虫数，记录在册。于从6月30日开始，每7天调查一次不同区域、不同高度下桃小监测诱捕器所捕成虫数，记录在册，调查均在9月30日左右截止。

2. 三种鳞翅目害虫蛀果情况调查

在2018年7月15日，对各区域相同品种的果实蛀果情况进行调查，每个区域调查1000个果实，统计不同害虫的蛀果情况。

在2018年9月15日，对各区域相同品种的果实蛀果情况进行调查，每个区域调查1600个果实，统计不同害虫的蛀果情况。

（四）数据处理

1. 三种害虫的生态位宽度

采用Levins（1968）提出的公式：

$$Bi=\frac{1}{S\sum_{i=1}^{s}P_{th}{}^{2}}$$

式中：Bi——物种生态位宽度

S——资源等级数

P_{ih}——物种 i 在第 h 资源序列中利用资源占利用总资源的比例

2. 三种害虫的生态位重叠指数

$$L_{ij}=B_i\sum_{h=1}^{s}P_{ih}\times P_{jh}$$

式中：L_{ij}——物种 i 对物种 j 的生态位重叠

Bi——以 Levins 公式计算的物种 i 的生态宽度

P_{ih}——物种 i 在第 h 资源序列中利用资源占利用总资源的比例

P_{jh}——物种 j 在第 h 资源序列中利用资源占利用总资源的比例

3. 三种害虫的种间竞争系数

$$a_{ij}=\sum P_{ih}P_{jh}/\sqrt{(\sum P_{th}{}^{2})\ (\sum P_{jh}{}^{2})}$$

式中：a_{ij}——物种 i 对物种 j 的种间竞争系数

P_{ih}——物种 i 在第 h 资源序列中利用资源占利用总资源的比例

P_{jh}——物种 j 在第 h 资源序列中利用资源占利用总资源的比例

三、结果与分析

（一）三种鳞翅目害虫的时间分布

图 1 显示，常规区域内，梨小、苹果蠹蛾成虫均于 4 月 25 日出现，桃小的出现时间则在 7 月 19 日以后。同时，梨小存在 4 个高峰期，苹果蠹蛾存在 2 个高峰期。图 2 为使用性信息素区域的害虫周年

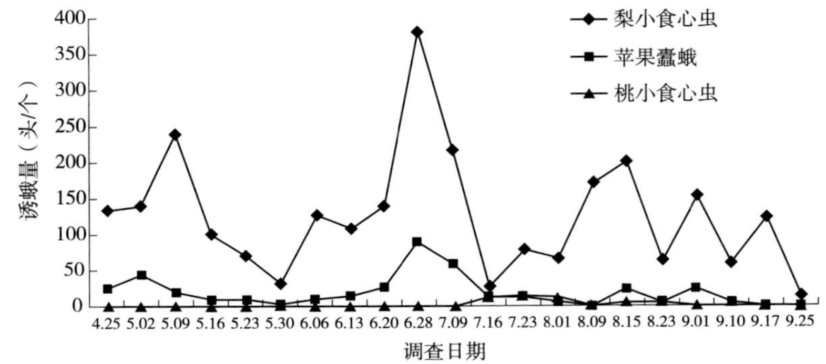

图 1　对照区三种鳞翅目害虫周年时间分布图

消长情况，图中可发现，性信息素对梨小、桃小、苹果蠹蛾成虫都表现了较好的迷向效果。

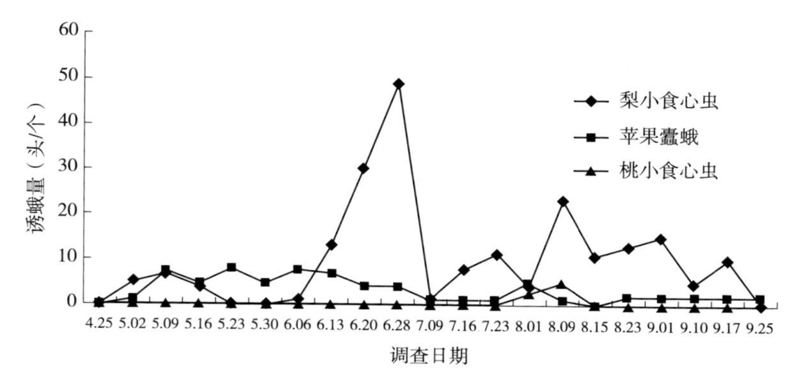

图 2　处理区三种鳞翅目害虫周年时间分布图

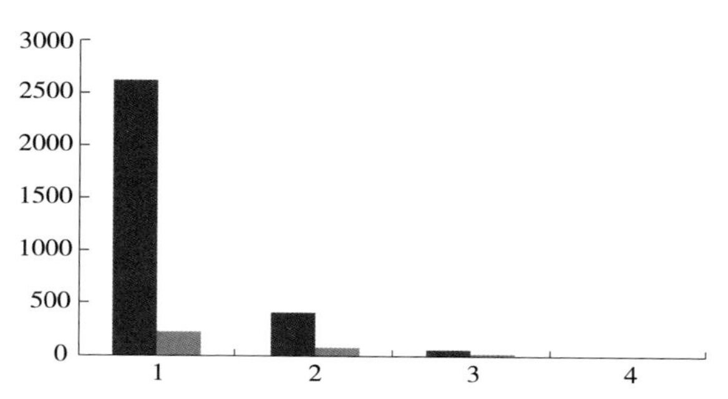

图 3　处理与对照区种内、种间成虫诱集量对比图

图 3 与表 1 为性信息素对同种鳞翅目害虫的迷向效果，可发现，在使用迷向剂后，梨小食心虫的全年迷向效率最高，可达到 90%以上。

表 1　处理区不同害虫成虫的迷向率（2018）

	梨小食心虫	苹果蠹蛾	桃小食心虫
处理区	2633	408	52
对照区	210	69	7
迷向率（%）	92.02	83.09	86.54

（二）三种鳞翅目害虫的时间生态位宽度

表2、表3所示，在常规或性信息素迷向条件下，三种鳞翅目害虫的时间生态位宽度值由大到小的顺序为：梨小食心虫（0.7253，0.7356）>苹果蠹蛾（0.6578，0.6412）>桃小食心虫（0.2016，0.1254）。

反映出各种害虫的种群数量时间动态上的差异。其中桃小的生态位宽度指数最小，说明它们对时间资源的利用不均衡，发生为害时间较短，种群数量变化大，种内竞争激烈。由前一节分析发现，虽然苹果蠹蛾的为害时间较长，种群数量明显低于梨小，但其生态位宽度值与梨小的差异性并不大，说明其个体在生态位宽度竞争中处于强势地位。

表2　对照区三种鳞翅目害虫在的时间生态位宽度和生态位重叠指数（2018）

物种	梨小食心虫	桃小食心虫	苹果蠹蛾
梨小食心虫	*0.7253*	0.0126	0.0235
桃小食心虫	0.0225	*0.2016*	0.0412
苹果蠹蛾	0.0154	0.0326	*0.6578*

注：斜体为生态位宽度。

表3　处理区三种鳞翅目害虫在的时间生态位宽度和生态位重叠指数（2018）

物种	梨小食心虫	桃小食心虫	苹果蠹蛾
梨小食心虫	*0.7356*	0.0122	0.0214
桃小食心虫	0.0165	*0.1254*	0.0249
苹果蠹蛾	0.0213	0.0123	*0.6412*

注：斜体为生态位宽度。

（三）三种鳞翅目害虫的垂直空间分布

表 4 与表 5 为不同区域三种鳞翅目害虫的垂直空间分布表，可看出，距离地面 2m 处的诱捕器相较 1m、3m 处诱捕器捕获了更多的目标害虫，其次为 3m 处，说明三种鳞翅目害虫的适宜聚居区域位于树体中上部，且三种害虫在垂直空间分布上具有竞争性与重叠性。

表 4　对照区三种鳞翅目害虫的垂直空间分布（2018）

物种	1m 处	2m 处	3m 处	合计
梨小食心虫（头）	253	567	438	1258
桃小食心虫（头）	7	27	13	47
苹果蠹蛾（头）	141	325	102	568

表 5　处理区三种鳞翅目害虫的垂直空间分布

物种	1m 处	2m 处	3m 处	合计
梨小食心虫（头）	18	102	34	154
桃小食心虫（头）	1	10	5	16
苹果蠹蛾（头）	10	48	20	78

（四）三种鳞翅目害虫的空间生态位

由表 6 与表 7 可知，在常规与性信息素条件下，三种鳞翅目害虫空间生态位宽度值由大到小的顺序为：梨小食心虫（0.7253，0.7356）>苹果蠹蛾（0.6578，0.6412）>桃小食心虫（0.2016，0.1254）。梨小食心虫的空间生态位宽度最大，表明梨小食心虫在果树上的活动范围较宽广，在植株各部位均有分布，对资源利用程度大，种内竞争不激烈；桃小的空间生态位宽度最小，说明它们在空间维度上对资源利用程度小，空间活动范围窄，分布不均匀，对空间资源的竞争作用相对不明显。从空间生态位重叠来看，梨小食心虫与苹果蠹蛾的空间生态位置重叠较多。从生态位相似性指数来看，梨小食心虫和苹果蠹蛾的生态位相似性较高。

表 6　对照区三种鳞翅目害虫的空间生态位

物种	生态位宽度	梨小食心虫	生态位重叠	苹果蠹蛾	生态位相似性
			桃小食心虫		
梨小食心虫	0.7253		0.4031	0.3396	0.9658
桃小食心虫	0.6578	0.1024		0.2145	0.9524
苹果蠹蛾	0.2016	0.2145			0.6327

表 7　处理区三种鳞翅目害虫的空间生态位

物种	生态位宽度	梨小食心虫	生态位重叠	苹果蠹蛾	生态位相似性
			桃小食心虫		
梨小食心虫	0.7356		0.2031	0.2326	0.9552
桃小食心虫	0.2016	0.1124		0.1115	0.7594
苹果蠹蛾	0.6412	0.1145			0.952

（五）三种鳞翅目害虫的种间竞争系数

表 8 可发现，梨小、苹果蠹蛾的成虫种间竞争系数已达到 0.98，其蛀果竞争系数也达 0.96，说明两者之间对空间、营养存在激烈竞争性，桃小与前两者的竞争系数较小，这也进一步证明了为何桃小的成虫捕获量会明显小于前两者。

表 8　三种鳞翅目害虫的种间竞争系数

物种	成虫竞争系数	蛀果竞争系数
梨小食心虫/苹果蠹蛾	0.9845	0.9564
苹果蠹蛾/桃小食心虫	0.5524	0.2546
桃小食心虫/梨小食心虫	0.6523	0.5468

（四）结论与讨论

三种鳞翅目害虫的时空生态位竞争力强弱依次为，梨小食心虫>苹果蠹蛾>桃小食心虫。从空间生态位重叠来看，梨小食心虫与苹果蠹蛾的空间生态位置重叠较多。从生态位相似性指数来看，梨小食心虫和苹果蠹蛾的生态位相似性较高。梨小食心虫、苹果蠹蛾的成虫种间竞争系数已达到0.98，其蛀果竞争系数也达0.96，说明两者之间对空间、营养存在激烈竞争性，同时，由于苹果蠹蛾的成虫种群数量要明显低于梨小，在生态位竞争系数相似的情况下，我们认为，苹果蠹蛾的个体对空间，营养的竞争能力要明显高于梨小食心虫，此点也恰好解释了前期应用研究中所发现的一些现象。

从时间分布角度来讲，在常规与性信息素条件下，三种鳞翅目害虫的时间生态位竞争力强弱依次为，梨小食心虫>苹果蠹蛾>桃小食心虫。从空间生态位角度来讲，三种鳞翅目害虫空间生态位宽度值由大到小的顺序为：梨小食心虫的空间生态位宽度最大，表明梨小食心虫在果树上的活动范围较宽广，在植株各部位均有分布，对资源利用程度大，种内竞争不激烈，虽然苹果蠹蛾生态位宽度值略小于梨小食心虫，但由于其成虫捕获量明显低于梨小，说明其个体在生态位宽度竞争中处于强势地位。梨小、苹果蠹蛾的成虫种间竞争系数已达到0.98，其蛀果竞争系数也达0.96，说明两者之间对空间、营养存在激烈竞争性，桃小与前两者的竞争系数较小，这也进一步证明了为何桃小的成虫捕获量会明显小于前两者。

附录八　不同果园间作物对土壤温度及天敌数量的影响

研究摘要： 为筛选果园行间绿肥植物，以苏丹草、黑麦草、自然生草、紫叶苜蓿、油菜、白三叶草为材料，清耕为对照，使用定位观测法观测果园土壤温度及天敌数量。结果显示，与清耕相比，行间生草明显降低了果园5cm、10cm、15cm处的土壤温度，温度平均降低5.12%。与清耕相比，行间生草对苹果园天敌数量有一定的影响，其中白三叶草、苏丹草显著增加了果园天敌数量，白三叶草使瓢虫数量增加171.11%，草蛉数量增加119.74%，综上所述，果园行间种植白三叶、紫叶苜蓿、苏丹草可达到良好效果。

一、引言

果园生草是一项重要的土壤改良措施，行间播种功能草种即可提高土壤肥力、调节土壤温度和湿度，又可蓄水保墒、减少水土流失。果园生草是一项先进、实用、高效的土壤管理方法。同时，行间生草还有利于果树根系生长发育及对水肥的吸收利用，从而提高果实品质和产量。然而，目前针对北方干旱少雨区果园功能草种的选择并未明确，不同草种对土壤、果树的综合影响也并不了解。针对以上问题，开展不同果园间作物对土壤温度及天敌数量的影响研究，筛选适合干旱少雨区种植的果园理想生草品种，以期为苹果园复合生态系统功能评价、建立科学的果园生草技术和加快果园生草技术的推广提供依据。

二、材料与方法

（一）试验概述

通过调查不同处理、不同土层、不同时间条件下土壤温度即时变化情况，明确不同间作物对土壤易变指标的影响状况，结合不同处理间果园天敌种群数量的发生情况，综合评价果园生草的生态优势，筛选理想间作植物。果树生育阶段主要有苹果开花盛期（4 月中旬左右）和开花末期（一般在 5 月上旬左右）、新梢生长期（主要以二次梢为主，6~8 月底）、落叶期（一般在 11 月中下旬）。

（二）试验材料

于 2018 年 3 月下旬在苹果树行间生草，春季大水漫灌后翻晒平整土地进行人工撒播。草种分别为自然生草、紫花苜蓿、黑麦草、油菜、苏丹草和白三叶草，定时对行间生草进行中耕除草，从而保证间作区没有杂草，其余均为常规管理。在 8 月下旬与 10 月进行刈割，刈割物留在果园行间自然分解。

（三）试验设计

试验设计 6 个处理，即自然生草、紫叶苜蓿、黑麦草、油菜、苏丹草、白三叶草和清耕对照，各处理设置 3 个重复，每个重复的生草面积为 440m^2，不同处理间设置一条自然生草隔离区域，每个处理区的草籽质量相同，都为 30kg，各处理管理模式相同，采用单因素随机区组设计。

（四）测定指标与方法

1. 土壤温度检测

分别于果树开花末期、新梢生长期、落叶期选择典型的晴天，采用定位观测方法，在各标准地呈等边三角形布设 3 个观测点，同步观测 5cm、10cm、15cm 土壤温度。测量仪器为便携式土壤温湿度测量仪。

2. 天敌数量调查

于果树开花盛期、末期、果实膨大期、落叶期选择典型晴天，在各处理区选择3株苹果树并标记（根据标记的树木进行记录），记录每棵果树100片树叶上停留的天敌数量和种类，统计瓢虫、草蛉的总数，求天敌数量日平均值。

三、结果与分析

（一）不同果园间作物对土壤温度的影响

1. 不同果园间作物对0~5cm土壤温度的影响

图1与图2可知，行间生草下，0~5cm处果园土壤温度明显低于清耕处理，间作紫叶苜蓿、白三叶草、黑麦草和苏丹草的土壤温度比清耕分别降低6.58%、4.94%、4.49%、3.56%。在苹果新梢生长期，行间生草对果园土壤的降温作用最为显著，其中，紫叶苜蓿可使土壤降温4.77℃。在夏季高温期，种植紫叶苜蓿、黑麦草、三叶草和苏丹草时，土壤日平均温度基本低于30℃，总温度低于155℃，而清耕时土壤温度最高达35℃，且总温度在160℃以上。

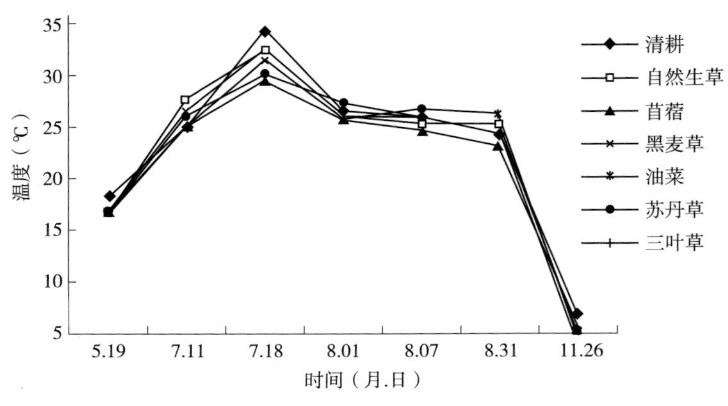

图1　不同果园间作物5cm处温度变化图

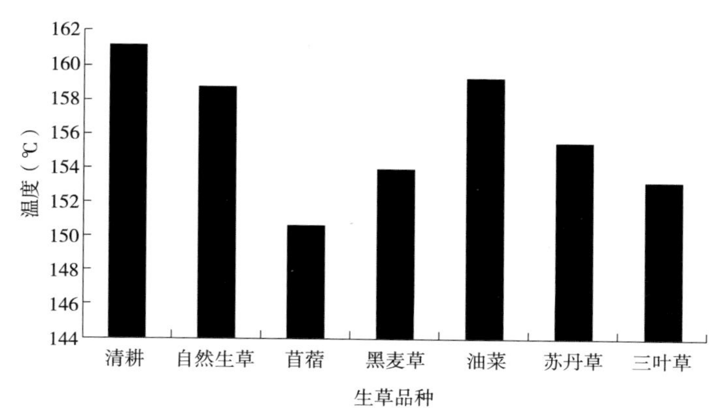

图 2　不同果园间作物 5cm 处总温度变化图

3. 不同果园间作物对 5~10cm 土壤温度的影响

图 3 显示，果园行间生草情况下，5~10cm 处土壤的温度较清耕整体有所降低，其中紫叶苜蓿、白三叶草、黑麦草和苏丹草降温幅度最为明显，分别降低 9.52%、4.18%、3.44%、3.35%。苹果新梢生长期，行间间作紫叶苜蓿对土壤的降温幅度达 8.90℃。

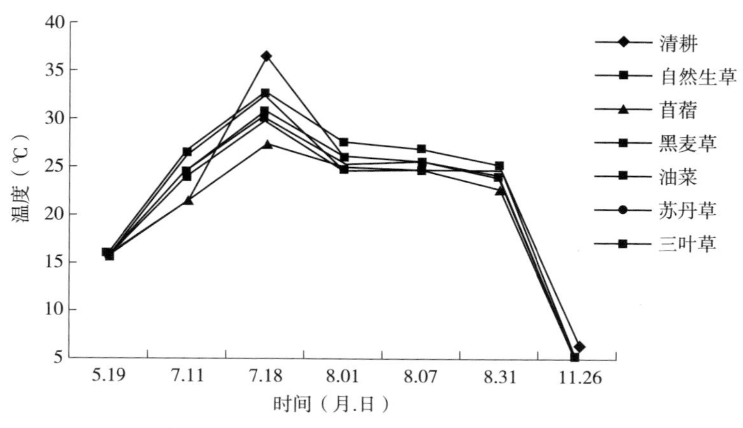

图 3　不同果园间作物 10cm 处温度变化图

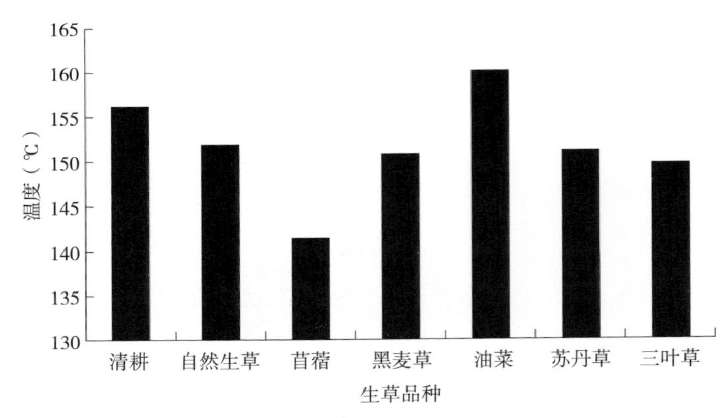

图 4　不同果园间作物 10cm 处总温度变化图

3. 不同果园间作物对 0~15cm 土壤温度的影响

图 5 分析后发现，在果园行间生草的情况下，果园土壤 0~15cm 处的温度较清耕整体有所降低，其中降温较明显的生草品种分别是紫叶苜蓿、白三叶草、黑麦草和苏丹草，分别降低 7.19%、3.99%、3.66%、3.57%。图 5 仍可发现，苹果新梢生长期（7 月 18 日）行间生草对距离地面 15cm 处土壤具有明显降温作用，最高可降低 8.97℃，最低可降低 3.4℃。

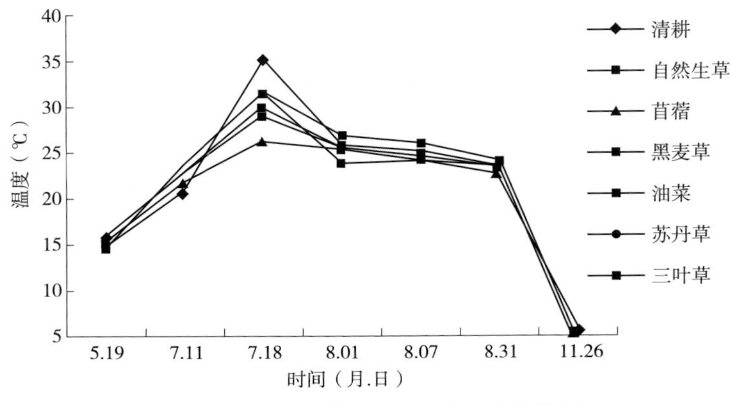

图 5 不同果园间作物 15cm 处温度变化图

（二）不同果园间作物对天敌数量的影响

行间生草能提高苹果园天敌数量。由图 7、图 8 可发现，与清耕相比，行间生草显著提升了瓢虫与草蛉的种群数量，其中，间作三叶草、苏丹草对天敌数量具有明显正向作用，图中还可发现，瓢虫发生高峰期在 7 月份，草蛉发生高峰期在 8 月份。

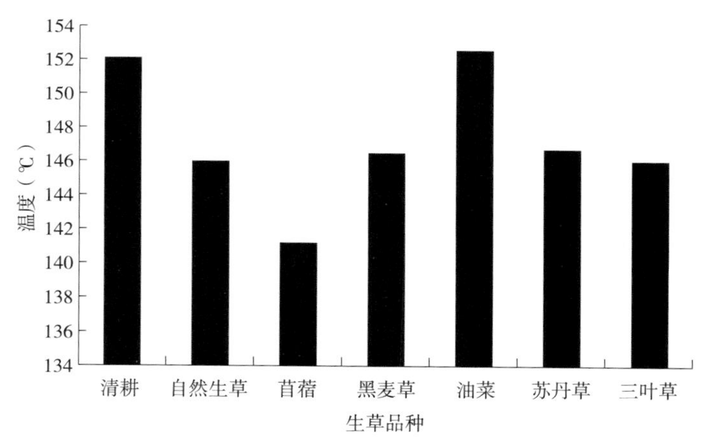

图 6　不同果园间作物 15cm 处总温度变化图

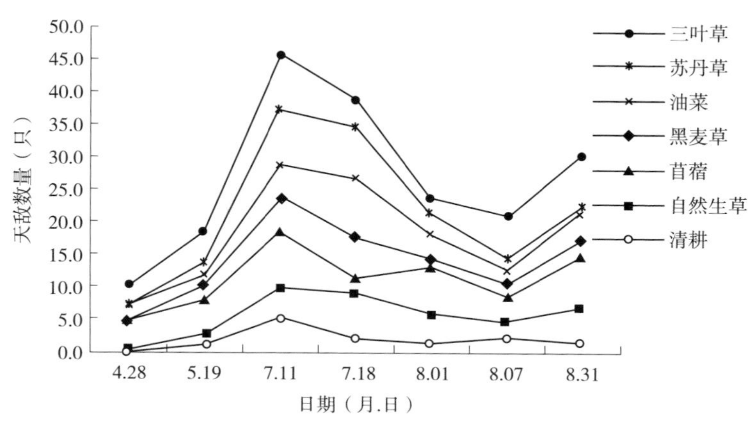

图 7　不同果园间作物上瓢虫数量变化图

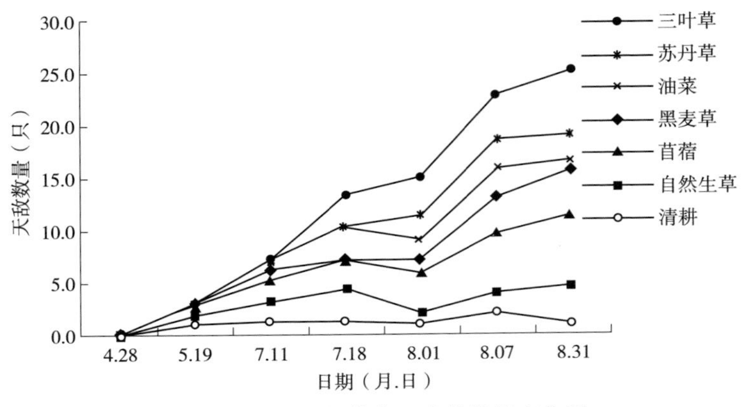

图 8　不同果园间作物上草蛉数量变化图

四、结论

果园行间生草后，土壤温度普遍得到降低，不同生草品种对不同土层的降温效果有所差异，土壤降温效果依次为紫叶苜蓿>白三叶草>黑麦草>苏丹草。行间生草可促进土壤温度降低，尤其对 10cm 处的土温降温明显，平均下降幅度达 5. 12%。

行间生草对天敌数量增加有明显促进作用。果园生草时，由于其发芽早、生长期长，有利于害虫天敌的繁衍和活动，天敌数量明显增多，可有效地维护果园虫群生态平衡。果园生草是一种间作模式，增加了果园系统的复杂性，为昆虫、小动物等提供了更充分的活动场所，增加了害虫与天敌的生态位宽度，且使天敌对害虫有较好的跟随性效应和控制作用。

附录九　果园几种鸟雀驱避技术效果研究

研究摘要：选择种有美国八号（早熟）、嘎拉（中熟）、富士（晚熟）的混栽果园4片为研究对象，设置4个处理（分别为有色防鸟网、风动叶轮、超声波、生物驱避剂），对比了4种鸟雀驱避技术，调查其驱避效果，以筛选出最优的鸟雀驱避技术。结果表明：在相同品种条件下，4种鸟雀驱避技术防鸟害的有效程度以有色防鸟网驱避效果最好，持效性最长，稳定性最好；其受啄率分别为美国八号0.44%、嘎拉0.16%、富士0.20%。其次为生物驱避剂，其受啄率分别为美国八号1.92%、嘎拉2.24%、富士1.52%。然后为超声波驱避技术，其受啄率分别为美国八号9.64%、嘎拉5.56%、富士3.24%。驱避效果最差、持效性最短、稳定性最差的是风动叶轮驱鸟，其受啄率分别为美国八号10.00%、嘎拉6.52%、富士2.60%。3个品种综合调查结果表明，早熟苹果受啄率最高，其次是中熟品种，受啄率最低的是晚熟品种。试验还发现，试验区域的果实受啄率、鸟雀停留时间明显低于不放驱避剂的对照区域，并且随着鸟雀驱避剂密度的增加，果实受啄率降低，鸟雀停留时间变短。

一、引言

近年来，苹果主产区普遍存在鸟雀啄食果实现象，经调查，中早熟品种果实每年因鸟雀啄食而造成的产量损失达到20%，而晚熟品种的损失率也达到5%。鸟雀从6月中旬开始游荡于果园，对有色品种从着色起即选择性啄食，无色品种从果面软化、溢出果香起即遭鸟害。按果实成熟期不同，早熟品种—中熟品种—晚熟品种依次受害。鸟雀啄食时具有自主选择性，其主要危害树体上部果实，而此区域通风透光好，常为优质果品。鸟雀啄食已严重影响了优质果品率，使果农遭受较大的经济损失。经观测，当地啄食果实的鸟雀主要有喜鹊、麻雀等，面对鸟害，果农现今几乎无有效手段应对，一些传统手段（弹弓驱赶、炮轰恐吓、毒食灭鸟、烧除鸟巢等）不仅效果欠佳，反而产生了很多不利局面。据果农反应，一系列的灭鸟措施不但没换来果园的安宁，反而引来了更多鸟雀的“集体报复”，出现了生态系统的恶性循环。

调查中发现，目前果园防治鸟害比较传统的方法有鞭炮、敲锣盘、悬挂光盘、彩带等闪光、可飘动的物体以及铺设有色防鸟网等，但鸟类的适应性很强，有些方法鸟类容易适应，时间长了并不能起到防治效果。如何选择最有效的防控方法，成为防治果园鸟害亟待解决的问题。

本试验针对苹果园的各种鸟类危害进行分析，在现有驱鸟技术基础上加以研究，利用有色防鸟网阻隔、超声波驱赶、风力驱鸟器驱鸟、生物药剂驱避、遥控无人机驱赶等技术措施，通过果园不同管理方式、鸟雀种类和危害情况调查、果实损失率调查、果实受啄面积测量等方法对各处理措施进行全方位比较，探索适合果园的鸟雀驱避方法，旨在为现行果园管理提供切实高效的果园鸟雀驱避技术。

二、材料和方法

（一）鸟雀种类调查

从2015年7月起，在试验果园内随机确定五个点，每个点0.67hm^2，分别于早晨6：00~8：00、中午10：00~12：00、下午14：00~16：00、傍晚18：00~20：00四个时间段，由几名调查人员对选定样方内的鸟类通过拉网式清空，借助望远镜及相机观察果园及周边鸟雀种群分布情况，同时对出入果园的鸟类进行识别和数量统计，5 天观察一次，观察持续 1 个月。

（二）转移危害特点调查

针对不同时期鸟雀危害对象不同的特点，从 2015 年 7 月起，选择不同品种混栽果园（桃树、杏树、梨树、李树、苹果树）各 0.33hm^2，于果实成熟期调查果实受啄率，5 天调查一次，持续到 10 月份为止，确定其转移危害特点。

（三）不同果园管理方式对鸟雀啄食果实的影响

1. 不同栽植密度对鸟雀啄食果实的影响

选择相同树龄，不同栽植密度的混栽果园 1hm^2，设置 3 个处理，每个处理 0.33hm^2。处理 1 株行距 2m×3m，处理 2 株行距 3m×4m，处理 3 株行距 3m×5m，其他管理方式相同。于 8 月中旬起调查嘎拉果实鸟雀啄食率，3 天调查一次，连续调查一个月。

2. 果实套袋对鸟雀啄食果实的影响

选择相同树龄、相同栽植密度的混栽果园 0.2hm^2，供试品种为富士。设置 3 个处理，每个处理 0.067hm^2。处理 1 不套袋，处理 2 套双层内黑蜡纸袋，处理 3 套双层内红蜡纸袋，其他管理方式相同。于花后 40~50 天即 6 月下旬开始套袋，9 月下旬除袋之前调查富士鸟雀啄食率。3 天调查一次，连续调查一个月。

（四）四种鸟雀驱避技术试验

1. 防鸟网阻隔技术试验

试验选择 0.33hm^2 成龄混载果园，株行距为 3m×4m，于调查之前做防鸟网搭建工作，依照树体高度，在树行间间隔区内搭建钢制支撑框架，框架顶端缠绕铁丝连接，将防鸟网搭建于钢架上固定，并将网的四周垂至地面用土或砖块压实，以防鸟从侧面飞入。待果实成熟时，调查各品种果实受啄情况。调查果实受害面积时，每棵树选择若干个受害果实，测算其受害面积。调查品种有：美国八号、嘎拉、富士，其中早熟品种于7月下旬起调查至8月下旬，中熟品种从8月中旬起调查至9月中旬，晚熟品种从9月中旬起调查至10月中旬，每个品种调查一个月，5天调查一次，每个品种调查5棵树，每棵树100个果实，分别于树体上部和中部各取50个果实，每次调查完后摘除鸟啄果。

2. 超声波驱赶技术试验

试验选择0.33hm^{2}成龄果园，株行距为3m×4m，每0.067hm^{2}放置一台超声波驱鸟器，在果园中心位置搭建铁架，将太阳能超声波驱鸟器固定于铁架上端，驱鸟器工作时间可根据果园需要自行设置。待果实成熟时，调查各品种的果实受啄情况。调查品种有：美国八号、嘎拉、富士，其中早熟品种于7月下旬起调查至8月下旬，中熟品种从8月中旬起调查至9月中旬，晚熟品种从9月中旬起调查至10月中旬，每个品种调查一个月，5天调查一次，每个品种调查5棵树，每棵树100个果实，分别于树体上部和中部各取50个果实，每次调查完后摘除鸟啄果。

3. 风力驱鸟器技术试验

试验选择0.33hm^{2}成龄果园，株行距为3m×4m，平均安装100个风力驱鸟器于试验区域果树上，安装时将叶轮绑缚于1m长竹竿顶端，将竹竿固定于树体主干最上部，待果实成熟时，调查各品种果实的受啄情况，调查品种有：美国八号、嘎拉、富士，其中早熟品种于7月下旬起调查至8月下旬，中熟品种从8月中旬起调查至9月中旬，晚熟品种从9月中旬起调查至10月中旬，每个品种调查一个月，5天调查一次，每个品种调查5棵树，每棵树100个果实，分别于树体上部和中部各取50个果实，每次调查完后摘除鸟啄果。

4. 生物驱避剂技术试验

试验选择1hm^2，株行距为3m×4m的成龄果园，用于悬挂生物驱避剂。在果园使用时，制作具有防雨功能的三角形遮雨罩，遮雨罩规格为：长×宽×高=27cm×20cm×12cm，材质为PP材质。遮雨罩内侧底部铺设粘贴板，使用时将颗粒状驱鸟剂洒落于粘贴板上，驱鸟剂颗粒可长期粘着于粘贴板上，并将遮雨罩悬挂于果树上，悬挂高度以主干距离地面 2/3 处为宜。试验设置 3 个处理，每个处理面积为 0. 33hm^2，依据不同处理密度平均分散悬挂，选择最优处理密度。

处理 1：悬挂密度 1 棵/个（生物药剂纸盒）；

处理 2：悬挂密度 3 棵/个（生物药剂纸盒）；

处理 3：悬挂密度 6 棵/个（生物药剂纸盒）。

待果实成熟时，调查各品种果实受啄情况，调查品种有：美国八号、嘎拉、富士，其中早熟品种于 7 月下旬起调查至 8 月下旬，中熟品种从 8 月中旬起调查至 9 月中旬，晚熟品种从 9 月中旬起调查至 10 月中旬，每个品种调查一个月，5 天调查一次，每个品种调查 5 棵树，每棵树 100 个果实，分别于树体上部和中部各取 50 个果实，每次调查完后摘除鸟啄果。

三、结果与分析

（一）鸟害种类调查

经调查，试验区内害鸟种类主要有麻雀（*Passer montanus*）、喜鹊（*Pica pica*）、乌鸦（*Corvus coeone*）、斑鸠（*Streptopelia turtur*）等。

由图 1 可知，不同鸟类活动规律不同，麻雀的活动早晨多于傍晚，而喜鹊的活动傍晚多于早晨，乌鸦觅食行为主要集中在中午，斑鸠主要在早晨和下午两个时间段内觅食。所选样方内麻雀平均每天数量达 58 只，喜鹊 41 只，乌鸦 21 只，斑鸠 23 只。

（二）鸟雀转移危害结果分析

从表 1 中可知，不同果树品种受鸟雀危害程度随着成熟期不同而不同，早熟品种杏、桃的鸟雀啄食率较高，受鸟雀危害程度较重，因在此期间其他品种果实都还未成熟，杏、桃成了鸟类的主要危害对象，8 月以后成熟果实品种较多，鸟类可选择性大，随着其他品种相继成熟，鸟雀开始转移危害。

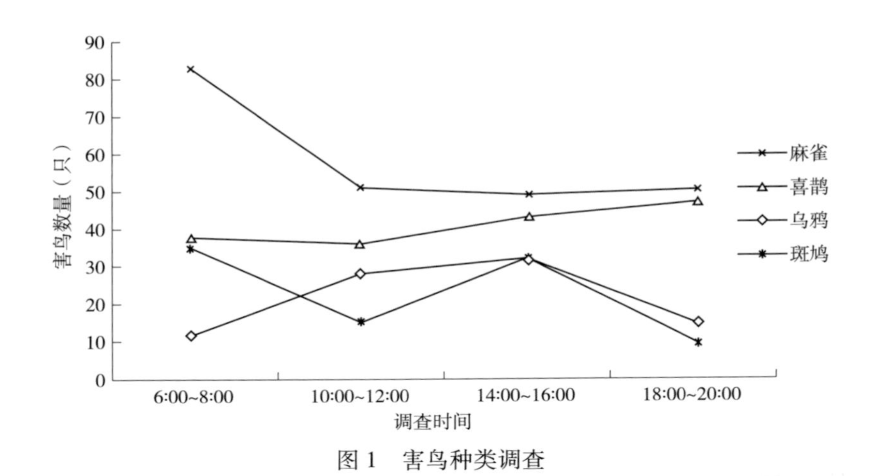

图 1　害鸟种类调查

表 1　鸟雀危害情况调查

品种	受啄率（%）
杏（6 月 12 日至 7 月 12 日）	13. 10
桃（7 月 10 日至 8 月 7 日）	6. 50
李（8 月 14 日至 9 月 15 日）	4. 60
‘金冠’（8 月 25 日至 9 月 25 日）	2. 87
‘爱宕梨’（9 月 1 日至 10 月 1 日）	1. 93
‘秋红’（9 月 1 日至 10 月 1 日）	3. 73

（三）不同果园管理方式对鸟雀啄食果实的影响

1. 不同栽植密度对鸟雀啄食果实的影响

由图 2 可看出，不同栽植密度对嘎拉果实受啄率具有不同影响，栽植密度大的种植区域受害程度大于栽植密度小的种植区。其中株行距为 2m×3m 的栽植区嘎拉果实平均受啄率最高，为 7. 97%；其次是株行距为 3m×4m 的栽植区，果实平均受啄率为 6. 83%；平均果实受啄率最低的是株行距为 3m×5m 的果树栽植区，为 5. 67%。

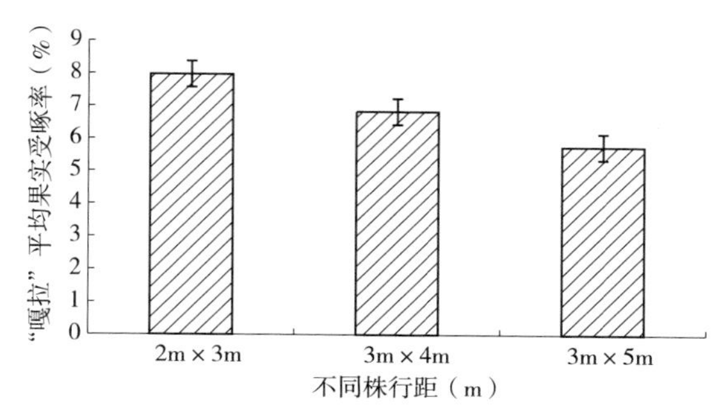

图 2 不同栽植密度对嘎拉果实受啄率的影响

2. 果实套袋对鸟雀啄食果实的影响

由图 3 可知，果实是否套袋对鸟雀啄食果实具有明显影响，套袋后果实受啄率显著低于不套袋果实。不套袋果实平均受啄率最高，为 5.06%；套双层内黑蜡纸袋的果实平均受啄率为 2.12%；套双层内红蜡纸袋的果实平均受啄率为 1.76%。

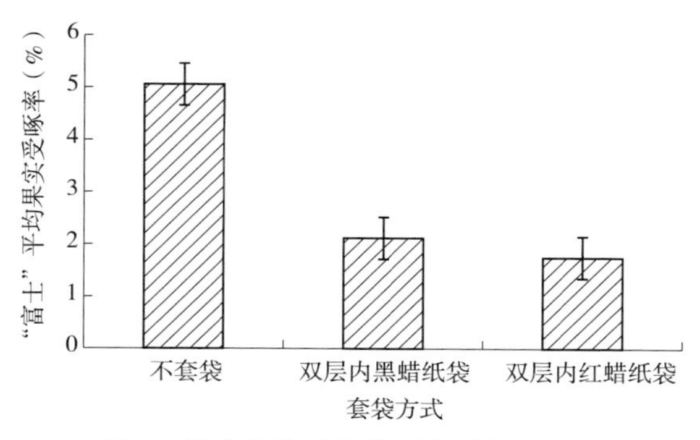

图 3 果实套袋对鸟雀啄食果实的影响

（四）四种鸟雀驱避技术效果比较

图 4 可发现，对照组果实鸟啄率显著高于试验组，驱避技术在一定程度上起到了防止鸟害侵袭的作用。4 种鸟雀驱避技术比较来看，有色防鸟网技术的鸟雀啄食率最低，持效性最长，稳定性最好，其次为生物药剂驱避，风动叶轮与超声波驱避技术的持效性较短、稳定性较差。由

表2可知，美国八号对照组的果实受啄率最高，为16.64%，风动叶轮驱避、超声波驱避、生物药剂驱避、有色防鸟网驱避下的受啄率分别较对照降低了39.90%、42.07%、88.46%、97.36%。说明对美国八号而言，防鸟害驱避技术的效果依次为：有色防鸟网>生物药剂驱鸟技术>超声波驱鸟技术>风动叶轮驱鸟技术。由表3可知，当品种为美国八号时，各处理间有极显著性差异（P值<0.01），说明不同驱避技术对美国八号果实受啄率具有不同效应。

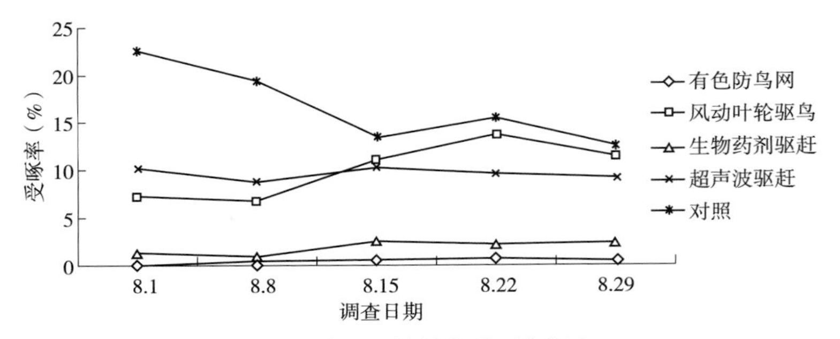

图4　美国八号果实受啄率调查

表2　不同品种平均受啄率（%）

驱避技术	美国八号	嘎拉	富士
有色防鸟网	0.44	0.16	0.20
风动叶轮	10.00	6.52	2.60
超声波驱鸟	9.64	5.56	3.24
生物剂驱鸟	1.92	2.24	1.52
对照	16.64	7.48	5.04

表3　美国八号各处理间的相关性分析

处理	DF	SS	MS	F	Pr>F
处理间	8	881.4028	110.1776	16.76	<0.0001
处理内	16	105.2096	6.5756		
总变异	24	986.6304			

图5发现，嘎拉苹果对照组的平均果实受啄率达7.48%，风动叶轮驱避、超声波驱避、生物剂驱避、有色防鸟网驱避下的鸟雀啄食率分别较对照降低了12.83%、25.67%、70.05%、97.86%。处理组风动叶轮驱避下果实受啄率最高、稳定性差，有色防鸟网驱避技术下果实受啄率最低、持效性长、稳定性好。由表4可知，当品种为嘎拉时，各处理间差异性显著（P值<0.05），说明不同驱避技术对嘎拉果实受啄率具有不同效应。但对照组与风动叶轮驱鸟、超声波驱赶无显著差异，说明叶轮与超声波驱避技术稳定性差，持效性短。因此，驱避技术对嘎拉的防鸟害效果依次为：有色防鸟网>生物药剂驱避>超声波驱鸟技术>风动叶轮驱鸟技术。

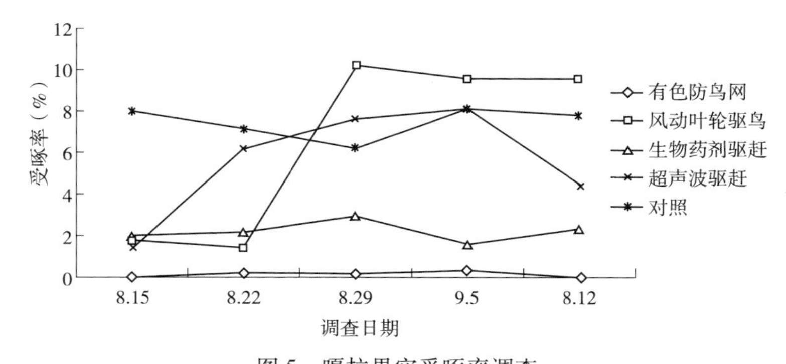

图5 嘎拉果实受啄率调查

表4 嘎拉各处理间的相关性分析

处理	DF	SS	MS	F	Pr>F
处理间	8	222.3488	27.7936	5.57	0.0018
处理内	16	79.8496	4.9906		
总变异	24	302.1984			

由图6可知，富士苹果对照组的果实受啄率明显高于试验组，说明驱避技术在一定程度上起到了防止鸟类侵袭的作用。试验组有色防

鸟网驱避技术下果实受啄率最低，稳定性最好，其次是生物药剂驱赶，然后是风动叶轮驱赶，啄食率最高的是超声波驱鸟组。由表 2 可知，富士苹果对照组平均受啄率最高，为 5.04%，超声波驱避、风动叶轮驱避、生物药剂驱避、有色防鸟网驱避下的果实受啄率分别较对照降低了 35.71%、48.41%、69.84%、96.03%。由表 5 可知，当品种为富士时，各处理间呈显著相关（P 值<0.01），说明不同驱避技术对富士果实受啄率具有不同效应的。因此对富士而言，防鸟害的驱避效果依次是：有色防鸟网>生物药剂驱避>风动叶轮驱鸟>超声波驱鸟技术。

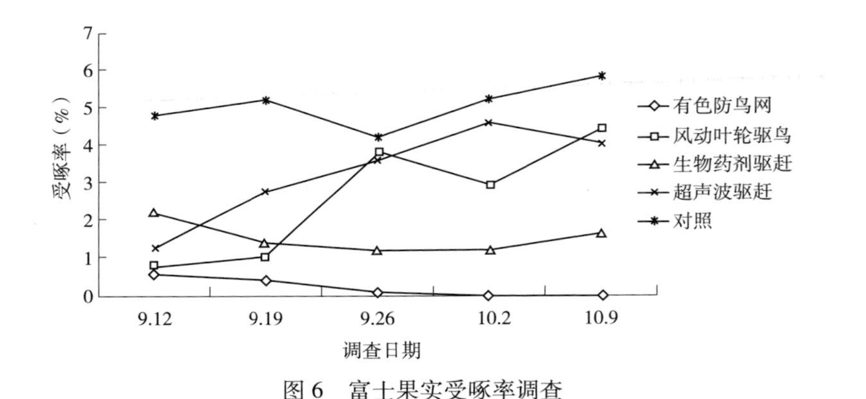

图 6　富士果实受啄率调查

表 5　富士下各处理间的相关性分析

处理	DF	SS	MS	F	Pr>F
处理间	8	71.184	8.898	9.46	<0.0001
处理内	16	15.056	0.941		
总变异	24	86.240			

（五）相同驱避技术条件下各品种间驱避效果对比

由表 6 可知，在有色防鸟网驱避技术下，美国八号、嘎拉、富士 3

个品种间无显著性差异，说明有色防鸟网驱避技术对各品种的果实受啄率具有相同效应，其中美国八号苹果均数最大（0.4400），其次是富士苹果（0.2000），均数最小的是嘎拉苹果（0.1600）。

表 6　防鸟网下各品种间的相关性分析

处理	DF	SS	MS	F	Pr>F
处理间	6	0.36266667	0.06044444	0.74	0.631
处理内	8	0.65066667	0.08133333		
总变异	14	1.01333333			

由表 7 可知，在风动叶轮驱避技术下，美国八号、嘎拉、富士 3 个品种有极显著性差异（P 值<0.01），说明风动叶轮驱避技术对各品种果实受啄率具有不同效应。其中美国八号均数最大（10.0000），其次是嘎拉（6.5200），均数最小的是富士（2.6000）。因此，风动叶轮驱避技术对美国八号、嘎拉、富士这 3 个品种果实受啄率影响效果依次为富士>嘎拉>美国八号。

表 7　风动叶轮下各品种间的相关性分析

处理	DF	SS	MS	F	Pr>F
处理间	6	240.197333	40.0328889	14.23	0.0007
处理内	8	22.512000	2.8140000		
总变异	14	262.709333			

由表 8 可知，在生物药剂驱避技术下，美国八号、嘎拉、富士 3 个品种受鸟害程度无显著性差异，说明生物药剂驱避技术对各品种的果实受啄率具有相同效应，其中均数最大的是嘎拉苹果（2.9400），其次是美国八号苹果（1.9200），均数最小的是富士苹果（1.5200）。

表 8　生物药剂技术下各品种间的相关性分析

处理	DF	SS	MS	F	Pr>F
处理间	6	2.43733333	0.40622222	1.29	0.358
处理内	8	2.51200000	0.31400000		
总变异	14	4.94933333			

由表 9 可知，在超声波驱避技术下，美国八号、嘎拉、富士 3 个品种果实受啄率差异性显著（P 值<0.05）。说明超声波驱避技术对各品种的果实受啄率具有不同效应的，其中均数最大的是美国八号苹果（9.6400），其次是嘎拉苹果（5.5600），均数最小的是富士苹果（3.2400）。因此，超声波驱避技术对美国八号、嘎拉、富士这 3 个品种果实受啄率影响效果依次为富士>嘎拉>美国八号。

表 9　超声波技术下各品种间的相关性分析

处理	DF	SS	MS	F	Pr>F
处理间	6	123.2586667	20.5431111	9.14	0.0032
处理内	8	17.9786667	2.2473333		
总变异	14	141.2373333			

（六）不同密度生物驱避剂对果园鸟雀的影响

从图 7 可以看出，对照组的果实受啄率显著高于试验组，对照组平均啄果率为 15.933%，试验组处理 1 平均啄果率为 12.667%，处理 2 平均啄果率为 6.0%，处理 3 平均啄果率为 5.0%。对照组平均啄果率分别是处理组的 1.258、2.656 和 3.187 倍。因此，在鸟雀驱避剂对果园鸟雀具有驱避作用，且鸟雀驱避剂浓度越高鸟雀啄果率越低，驱避效果越好。

由图 8 可以看出，对照组果实的啄食面积显著高于试验组，其中对照组果实平均啄食面积为 31.342cm^2，处理 1 果实平均啄食面积为 26.161cm^2，处理 2 果实平均啄食面积为 12.953cm^2，处理 3 的果实平

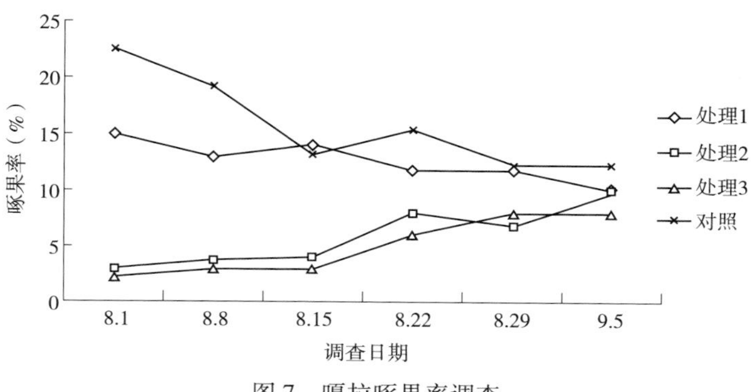

图 7　嘎拉啄果率调查

均啄食面积为 3.773cm^2。对照组的平均果实啄食面积分别是处理组的 1.198、2.419 和 8.307 倍。说明鸟雀在对照区停留时间最长，随着鸟雀驱避剂密度的增加鸟雀停留时间缩短。

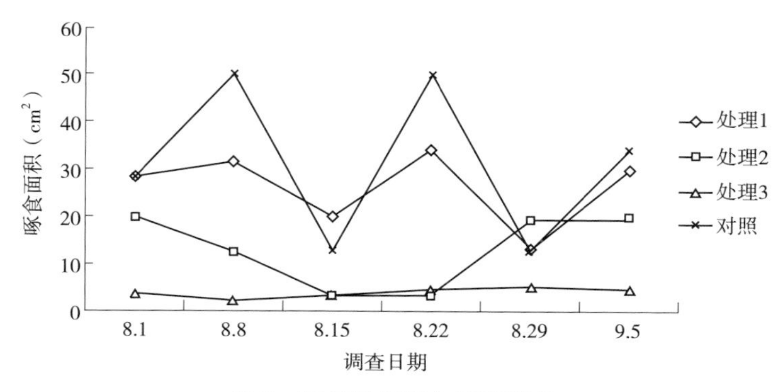

图 8　嘎拉果实啄食面积调查

四、结论与讨论

4 种鸟雀驱避技术防鸟害的有效程度依次为：有色防鸟网>生物驱避剂>超声波驱避技术>风动叶轮驱鸟。对照组果实的啄食面积显著高于试验组，其中对照组果实平均啄食面积为 31.342cm^2，处理 1（5 个/

亩）果实平均啄食面积为 26.161cm^2，处理 2（10 个/亩）果实平均啄食面积为 12.953cm^2，处理 3（15 个/亩）的果实平均啄食面积为 3.773cm^2。对照组的平均果实啄食面积分别是处理组的 1.198、2.419 和 8.307 倍，早熟品种易受鸟类啄食。

从本次试验来看，没有使用鸟雀驱避剂的对照区域受鸟雀危害显著严重于试验区域，并且随着驱避剂密度的增加鸟雀停留时间缩短，因此，鸟雀驱避剂在一定程度上起到了防止鸟害侵袭的作用。试验结果可能存在误差，考虑到对照组与试验组距离 20m 远，由于驱鸟剂的气味具有挥发性的特点，如遇有风天气，对照组也会受到驱鸟剂的影响，使对照组的受啄率、受啄果实面积数据比实际数据低。以后试验中在选择对照组时，应该尽量距离处理组远一些的果园，以排除驱鸟剂挥发造成的误差影响。本次试验结果表明，果实受鸟害的危害程度与害鸟的种类、危害特征、果实种类、果实成熟期以及环境条件等息息相关。在以后防治鸟害时，要结合多种方法综合使用，以达到最佳的驱避效果。在使用驱避剂时，一定范围内使用密度越高，果实受啄率越低、受啄面积越小，鸟雀停留时间越短，驱避剂的驱鸟效果越好，因此，使用时应根据果园大小、果树种植密度以及环境条件选择使用不同浓度及密度的鸟雀驱避剂。

注：本研究成果已于 2016 年分别发表于专业期刊《北方园艺》苹果园几种鸟雀驱避技术效果研究，2016（01）：19-22；《黑龙江农业科学》不同密度鸟雀驱避剂对嘎拉果实受啄率的影响，2016（5）：69-72。主要作者有：李晓龙，李莉，王春良，贾永华，王永忠，潘志广。